어린이를 위한 뇌과학 프로젝트

정재승의

기획 **정재승** | 글 **정재은** | 그림 **김현민** | 심리학 자문 **이고은**

아울북

차례

〈인간 탐구 보고서〉를 시작하며

다시 새로운 모험이 시작되었네요

아우레 행성에서 온 지구 탐사대 라후드 일당이 인간들을 만나 좌충우돌 우여곡절을 겪으면서 인간을 이해해 가는 모험담이 10권으로 마무리되었고, 이제 새로운 모험이 시작되었습니다. 지금까지 '인간 탐구 보고서'를 아껴 주신 모든 분께 진심으로 감사드립니다. 그리고 새로운 모험을 설레는 마음으로 지켜봐 주실 어린 독자 여러분께 다시 한번 감사드립니다.

지구에 남은 라후드와 오로라 그리고 지구를 독차지하려는 루나에겐 앞으로 어떤 일들이 펼쳐질까요? 아우레로 돌아간 외계인들과 지구인을 우리는 앞으로 영영 보지 못하는 것일까요? 주름을 펴기 위해 샤포이 행성을 찾아 떠난 보스가 어떤 모습이 되었을지 무척 궁금한데, 우리는 다시 그를 볼 수 있을까요? 앞으로 10권 동안 진행될 시즌 2에서는 훨씬 더 흥미로운 모험담이 기다리고 있으니 즐겨 주시길 바랍니다.

청소년들에게 '호모 사피엔스 뇌의 경이로움'을 일깨워 주었으면

저는 여전히 어린이와 청소년들이 반드시 알아야 할 학문이 있다면, 그것은 '우리들에 대한 과학'이어야 한다고 생각합니다. 우리 인간이 왜 이렇게 행동하고 생각하는지 '마음의 과학'을 일러 주어야 한다고 말입니다. 어린 시절 우리가 무척 궁금해하고 고민하는 대부분의 것들은 바로 나와 가족, 친구들 그리고 이웃들의 마음에서 비롯된 것들이니까요.

'인간 탐구 보고서'를 통해 여러분들은 외모에 지나치게 신경 쓰고, 무언가를 자주 잊어버리고, 하루에도 몇 번씩 감정의 롤러코스터를 타며, 사춘기의 열병을 앓았던 인간 친구들의 모습을 보았습니다. 엉망진창의 선택을 하고 불안한 마음 때문에 미신인 줄 알면서도 믿고 심지어 거짓말도 곧잘 하는 인간의 모습도 배웠습니다. 라후드 같은 외계인들의 관점에서 바라보니, 인간들을 정말 이해하기 힘든 동물이었지요?

어린이들에게 마음의 과학을

'인간 탐구 보고서'를 통해 여러분들은 '마음을 탐구하는 학문'인 뇌과학과 심리학을 조금씩 배우고 있습니다. 지난 150년간 신경과학

자들과 심리학자들은 '인간 뇌가 어떻게 작동하여 마음이란 걸 만들어 내는지' 꽤 많은 걸 밝혀냈는데, 이 책은 여러분들이 이해할 수 있는 언어로 과학자들이 밝혀낸 '인간 마음에 대한 모든 것'을 들려 드리기 위해 썼습니다. 이 책을 통해 나는 누구이며, 우리는 어떤 존재인지, 인간 사회는 왜 이렇게 돌아가는지, 진짜 유익한 지식들을 배워 나가길 바랍니다.

초등학생이었던 저희 딸들도 뇌과학을 이해했으면 좋겠다는 마음으로 처음 '인간 탐구 보고서'를 쓰기 시작하였는데, 이 책은 이제 세상의 모든 아들과 딸들을 위해 '어린이와 청소년들을 위한 뇌과학' 책으로 성장하고 있습니다. 2010년 무렵부터 준비된 이 책이 2019년 처음 세상에 선보인 이래 벌써 10권이나 출간되었다니 마음이 벅차오릅니다. 바라건대, 이 책이 혼란스러운 어린 시절과 고민 많은 사춘기를 관통하게 될 모든 10대들에게 '나에 대한 친절한 가이드북'이 되었으면 합니다. 뇌과학과 심리학이 그들을 유익한 방황과 진지한 성찰로 인도해 주길 소망합니다.

인간의 일상을 낯설게 관찰하기

이 책의 가장 큰 매력은 외계인의 시선으로 인간을 탐구하고 있다

는 것입니다. 아우레 행성으로부터 지구로 찾아온 외계 생명체 아싸, 바바, 오로라, 라후드가 겪게 되는 좌충우돌 모험담이 무척이나 흥미롭지요. 우리 인간들을 물리치고 지구를 점령할지, 인간들과 공존하며 지구에서 함께 살지 알아보기 위해 인간을 탐구하며 보고서를 송신하는 그들은 우리와 어느새 닮아 가고 있습니다.

　어린 독자들은 이 책을 펼치면서 외계인의 시선으로 인간을 바라보는 낯선 경험을 하게 됩니다. 아싸와 아우레 탐사대처럼 인간을 관찰한 후 '탐구 보고서'를 아우레 행성으로 보내는 과정에 함께 참여할 것입니다. 이 과정을 통해 어린이와 청소년들이 우리들의 평범하고 당연한 일상을 낯설게 바라보는 경험을 하게 되길 바랍니다. 마치 우리가 곤충을 관찰하고 기록 일기를 쓰듯이, 인간의 일상을 관찰하고 탐구 보고서를 쓰면서 우리를 돌아보길 희망합니다.

인간이라는 사랑스럽고 경이로운 생명체

　저는 이 책을 읽으면서 어린 독자들이 우리 인간들을 비로소 '이해'하고 덕분에 더욱 '사랑'하게 되리라 확신합니다. 외계 생명체 라후드처럼 '인간은 정말 이해 못 할 이상한 동물'이라고 여겼다가, 우리들을 더욱 이해하게 될 것입니다. 아싸와 아우레 탐사대가 그렇듯, 우리 어린이들도 이 책과 함께 인간 존재의 신비로움을 깨닫게 될 것입니다. 그러면서 결국 외계 생명체 아우린들이 '인간이 얼마나 사랑할 만한 존재'인지 알아주었으면 합니다. 때론 감정적이고 비합리적이며 종 종 충동적이고 가끔 폭력적이기까지 한 존재이지만, 인간 내면의 실 체를 알게 되었을 때, 우리 호모 사피엔스가 얼마나 사랑스러운 존재 인지 깨달았으면 좋겠습니다. 아우레 행성의 외계 생명체들이 제발 우리를 지배하려 하지 말고, 우리 인간들의 사랑스러운 매력에 빠져 주길 바랍니다. 무엇보다도, 인간의 뇌는 이성과 감성이라는 두 말이 이끄는 쌍두마차로서, 우리가 사는 세상을 좀 더 근사한 곳으로 만들 기 위해 끊임없이 애쓰는 경이로운 기관임을 아우린들과 어린 독자들 이 알아주었으면 합니다.

인간의 숲으로 도전적인 탐험을!

인간이 어떤 존재인지 모두 알게 되는 그날까지, 라후드와 아우레 탐사대의 '인간 탐구 보고서'는 계속될 것입니다. 호모 사피엔스의 뇌 가 가진 경이로운 능력, 사랑스러운 매력이 외계 생명체들에게 충분 히 이해될 때까지 보고서는 결코 멈추지 않을 것입니다. 그 과정에서 우리 어린 독자들 또한 인간에 대한 이해가 더욱 깊어지겠지요? 외계

생명체 아우린들이 흥미롭게 써 내려간 '인간 탐구 보고서'에서 어린
이들과 청소년들이 나를 발견하는 놀라운 경험을 하게 되길 진심으로
기대합니다. '인간 탐구 보고서'는 지구를 지배하기 위해 아우레 행성
의 정복자들이 작성한 무시무시한 보고서가 아니라, 인간이라는 숲
을 탐색하는 외계 탐험가의 애정 어린 편지이니까요.

　자, 이제 다시 한번 외계인의 마음으로 인간 탐험을 흥미롭게 즐겨
주시길!

정재승 (KAIST 뇌인지과학과+융합인재학부 교수)

함께 사는 외계인 때문에 또 골치 아픈 일이
생겨 버린 아우레 탐사대장. 언제나 그랬듯
지구인들마저 아우린들을 방해 중이다. 임시
본부를 또 옮길 수도 없고…. 오로라는 이성을
꼭 붙잡고 무사히 아우레로 귀환할 수 있을까?

오 로 라

지구에 오래 있을수록 지구에 관한 지식도
점점 업그레이드되는 중! 아우레로 돌아가
외계문명탐구클럽 회원들에게 지구의 문명을
소개해 주고 싶은 마음뿐이다. 하지만 평화로운
지구 생활 중 커다란 실수를 저지르고 마는데!

라 후 드

도 됴 리

지구인들이 가득한 학교에 다니게 된 외계인.
잘생긴 외모 덕에 인기는 폭발! 자기 주위로
모여드는 지구인들 덕분에 신나는 날들을 보내고
있는데…. 즐겁기만 할 것 같던 지구 생활에
이해할 수 없는 사건이 벌어진다.

하나

대호와의 만남을 시작으로 사랑에
대해 배워 가고 있는 청소년 지구인.
마냥 분홍빛일 것 같던 대호와의 관계에
예상하지 못한 변수가 발생한다.

대호

여자 친구 하나와의 첫 데이트에
기대감이 천장까지 치솟은 지구인.
모든 걸 완벽히 계획했건만….
이 데이트, 무사히 끝날 수 있을까?

루이

안 해 본 아르바이트가 없는 웹툰 작가.
새로운 일터에서 새로운 감정을 키우게
된다. 갈팡질팡하는 마음을 바로잡고자
가장 지구인스러운 방법을 사용하는데…!

꽁치

수학은 싫지만 수학 학원에서 만난
학생에게 첫눈에 반하게 된다.
하지만 그 아이에게는 꽁치가 알지
못하는 엄청난 과거가 숨어 있다.

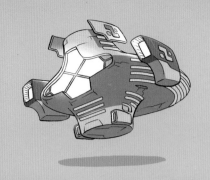

보스는
지구로!

1

사랑의 콩깍지 유효 기간은?

기간이 정해진 지구인의 사랑

하나와 대호가 교실로 뛰어 들어왔다. 예비 종은 벌써 쳤지만, 1교시 시작종은 울리기 직전이었다.

"하, 지각 아니다!"

하나가 숨을 돌리기도 전에 누군가 큰 소리로 물었다.

"너희 진짜 사귀냐?"

하나와 대호가 사귄다는 소문이 교실에 쫙 퍼졌나 보다. 대호는 놀라서 하나를 쳐다보았다. 비밀로 하자던 하나가 당황하거나 놀랐을까 봐……

하나는 정말로 화가 난 듯 벌떡 일어나 소리쳤다.

"야!"

순간, 교실이 쥐 죽은 듯 조용해졌다.

대호의 심장이 기쁨으로 콩닥콩닥 뛰었다. 사실 대호는 하나와 서로 고백한 날부터 동네방네 자랑하고 싶었다.

'하나가 내 여자 친구다! 내가 연애를 한다!'

루이 형에게도 당당하게 말하고 싶었다. 하지만 하나가 비밀로 하자는 바람에 입을 다물 수밖에 없었다. 대호는 연애도 처음인데 비밀까지 지키느라 그동안 마음이 무거웠다. 이제 공개가 되었으니까, 하나에게 마음껏 친한 척하고, 하나한테 까부는 남자애들에게도 눈으로 레이저를 쏴 줘야지!

하나도 기분이 좋았다. 비밀로 하자고는 했지만, 한편으로는 친구들이 알아줬으면 싶었기 때문이다. 그래도 엄마에게 들킬까 봐 조마조마한 마음은 어쩔 수 없었다.

"너희, 일등학원에서는 조심해. 절대 비밀이야!"

공개 커플이 된 이후 하나는 대호를 볼 때마다 눈에서 뿅뿅 쏟아지는 하트를 숨기지 않았다.

하나는 대호의 모든 점이 좋았다. 높은음에서 찢어지는 음 이탈까지도 유쾌한 유머로 들렸다.

커플이라고 밝힌 하나와 대호는 학교에서 내내 같이 다녔다. 음악실도 같이 가고, 점심도 같이 먹고, 등하교도 같이 했다. 하지만 집 근처만 오면 하나는 부자연스럽게 대호에게서 멀어 졌다. '초중고 연애 금지'를 부르짖는 일 원장 때문이었다.

"엄마한테 들키면 귀찮아지니까 당분간 조심하자."

하나의 말에 대호는 고개를 끄덕였다. 대호는 하나의 말이 면 뭐든 고개를 끄덕이고 싶었다. 그래서 '당분간'이 언제까지 인지 묻고 싶었지만, 묻지 않았다.

그날 저녁, 하나는 일 원장에게 넌지시 물었다.

"엄마는 왜 우리들 연애 못 하게 해요?"

"나는 하라고 해도 안 할 건데? 여자애들 재미없어."

라이언의 털을 빗기던 최고가 먼저 냉큼 대답했다. 하나는
눈치 없는 최고를 째려보았다.

"그래, 넌 평생 고양이나 쓰다듬으면서 살아라."

"응, 난 고양이랑 강아지랑 앵
무새랑 도마뱀이랑 살 거야."

최고는 하나에게 도움이
안 될 대답만 골라 했다. 하
지만 일 원장 마음에는 쏙
드는 대답이었다. 일 원장
은 최고의 머리를 쓰다듬
으며 하나에게 물었다.

"왜, 하나는 연애하고 싶니? 잘생긴 사람이라도 봤어?"

"아니, 그게 아니라. 우리 반에 커플이 있는데 그 애들 엄마
는 허락했다고 그래서……."

하나는 슬쩍 거짓말을 했다.

"집집마다 분위기는 다르니까. 그래도 엄마는 반대야. 그 나
이에 연애하면 금방 헤어질 텐데 뭐 하러 사귀어?"

26

"그건 아니지만……!"

하나는 펄쩍 뛰었다. 중학교 때 만난 남자랑 결혼하면 평생 연애를 한 번밖에 못 한다. 하나는 결혼하기 전에 적어도 열 번 연애를 할 계획이다. 잘생긴 남자, 노래 잘하는 남자, 요리 잘 하는 남자, 공부 잘하는 남자, 키 큰 남자, 돈 많은 남자, 또……. 하나는 앞으로 만날 남자를 세어 보느라 엄마가 하는 말을 잠 깐 놓쳤다.

"청소년이 연애하는 건 비효율적이야."

일 원장의 마지막 말이 하나의 귀에 탁 꽂혔다. 하나는 화가 났다.

"비효율? 사랑이 무슨 가전제품이에요? 엄마는 너무 비인간적이에요. 외계인도 엄마보단 인간적일 거예요."

"연애할 시간 아껴서 공부나 해. 좋은 대학 가면 잘생긴 남자, 똑똑한 남자 천지야."

하나의 마음을 아는지 모르는지, 일 원장은 잔소리로 마무리했다. 일등학원 게시판에도 새로운 공지가 올라왔다.

일 원장의 걱정과 잔소리는 하나의 연애에 영향을 끼치지 못했다. 하나는 오히려 더 대담하게 대호와 둘만의 데이트를 계획했다. 그동안은 비밀 유지를 위해 생선파나 유정이, 세아와 함께 만났는데 말이다.

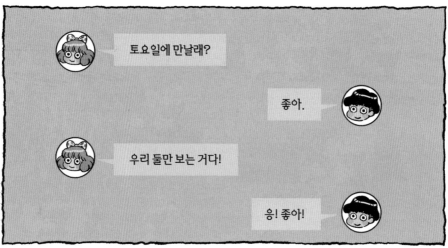

드디어 첫 데이트 날이 되었다. 약속 장소인 대학가에 버스를 타고 가는 동안 하나는 마음이 두근두근 떨렸다.

대호도 10분이나 일찍 나와 기다렸다. 두 시간이나 씻고, 머리에 힘을 팍 주고, 제일 좋아하는 옷을 말끔하게 빨아서 입고 나왔다.

하나는 대호의 끔찍한 패션 센스를 애써 무시했다. 오늘은 첫 데이트니까! 하나는 밝은 목소리로 물었다.

"우리 뭐 할까?"

"내가 다 준비했어. 우리의 첫 데이트잖아."

"그럼, 오늘은 너한테 맡길게."

하나는 활짝 웃었다. 예감이 좋았다!

한참 놀고 나니 하나는 배가 고팠다. 대호가 눈치 빠르게 말했다.

"배고프지? 근처에 마라탕 맛집 있대."

"마라탕? 너무 좋아."

둘은 취향도 딱 맞았다. <u>흐흐흐</u>, 하나는 속으로 웃었다.

'우리 진짜 영혼의 단짝 아니야? 너무 낭만적이야~.'

하나와 대호는 마라탕을 반도 못 먹고 나왔다. 대호는 매워서 못 먹었고, 하나는 대호가 창피해서 그냥 나왔다.

'첫 데이트부터 이게 뭐야!'

그렇다고 준비해 온 대호에게 막 짜증을 낼 수도 없고, 하나는 발을 툭툭 치며 걸었다.

"미안해~. 화났어?"

눈치를 보던 대호가 애교를 듬뿍 담아 사과했다. 순간 하나의 마음이 스르르 녹았다. 하나는 저도 모르게 대호의 말투를 따라 했다.

"괜찮아~. 우리 이제 어디 갈까?"

하나는 주위를 둘러보았다. 마침 스릴과 미스터리를 좋아하는 하나의 눈에 간판 하나가 딱 들어왔다.

잘 못한다고
내가 너무
뭐라고 했나?

으휴,
뭐가 이렇게
어려워?

벌컥

벌컥

잠시 분위기가 어색해졌다. 하나는 대호가 주눅 든 것 같아 살짝 눈치가 보였다. 단둘이 있으니 좋긴 한데, 상대의 감정에 너무 신경을 써야 해서 불편했다. 친구들과 함께라면 웃으면서 왁자지껄 넘겼을 텐데. 놀 때도 여럿이 노는 게 더 재미있는 것 같기도 하고……

'데이트가 원래 이런 건가?'

대호는 하나가 말없이 고개만 갸웃거리자 불안했다. 완벽한 데이트를 하려고 했는데, 망한 건가? 뭔가 특별한 이벤트가 필요하다! 그때 대호의 눈에 인형 뽑기 기계가 들어왔다.

"너 인형 좋아하지? 내가 뽑아 줄게. 선물로."

인형 뽑기 기계에는 대호가 좋아하는 귀엽고 보송보송한 동물 인형이 가득했다. 하나는 고개를 저었다.

"아니, 괜찮아."

하나는 정말로 인형을 좋아하지 않았다. 동물 인형은 더욱더. 하지만 대호는 하나가 자신을 못 믿어서 그러는 줄 알고, 승부욕을 불태웠다.

"걱정 마. 나 진짜 인형 잘 뽑아. 저기에 있는 제일 큰 고릴라 인형 뽑아 줄게. 저거 귀엽지?"

"귀엽긴 한데……, 진짜 괜찮아. 나 고릴라도 별로 안 좋아하는데……."

하지만 하나가 말을 끝내기도 전에 인형 뽑기 기계에서 음악이 울렸다.

하나는 대호가 열심히 고릴라도 놓치고, 토끼도 놓치고, 개구리도 놓치는 모습을 한참 동안 쳐다봤다. 그러다가…….

"야! 그만 좀 해!"

버럭, 대호에게 소리치고 말았다.

내가 너무
심했나?

하, 인형만
잘 뽑았어도….

터
덜
터
덜

하나는 집에 오자마자 침대에 쓰러졌다. 너무 피곤해서 눈이 떠지지도 않았다. 하지만 막상 잠은 오지 않았다. 머릿속이 엉킨 실타래처럼 복잡했다.

하나는 첫 데이트라면 드라마처럼 로맨틱할 줄 알았다. 그런데 자꾸 삐거덕거리는 게…….

"뭔가 별로였어. 아, 모르겠다."

하나는 베개에 얼굴을 묻고 잠을 청하다 펄쩍 일어났다.

"아아, 수행 평가! 학원 숙제도 해야 되는데!"

하나는 피곤한 눈을 비비며 책상 앞에 앉았다. 감기는 눈을 억지로 뜨자 문득 '연애는 비효율적'이라던 엄마의 말이 떠올랐다. '청소년은 금방 헤어질 텐데'라는 말과 함께…….

정말 연애는
비효율적일까…?

마지막에 인형을
못 뽑아서 망했어….
다음엔 꼭
뽑아 줘야지.

멀뚱

2

꽁치는 모르는
짝사랑의 비밀

익숙해지면 열리는 지구인의 마음

꽁치는 수포자가 되기로 결심했다. 아니, 결심했었다. 하지만 엄마라는 산을 넘지 못했다. 엄마는 수학을 포기하려면 휴대 전화도 포기하고, 용돈도 포기하고, 치킨도 포기하라고 했다. 할머니, 할아버지께 말씀드려 세뱃돈도 못 받게 한다고 했다. 꽁치를 돈으로 협박한 것이다.

돈에 약한 꽁치는 어쩔 수 없이 수포자가 되기를 포기했다. 새로운 수학 학원도 다니기로 했다. 하지만 마음속은 불만으로 활활 타올랐다.

'누구든 건드리기만 해 봐.'

꽁치는 입술을 오리 주둥이처럼 내밀고 학원 교실에 삐딱하게 앉아 있었다.

여학생 한 명이 지나가다 꽁치의 발에 걸려 넘어질 뻔했다. 꽁치는 놀라고 미안해서 얼른 다리를 움츠렸다. 그런데 꽁치를 본 여학생은 귀신이라도 만난 듯 기겁했다.

꽁치는 후다닥 멀어져 가는 그 애에게 나름 큰 소리로 "미안해. 야, 미안하다고."라고 다시 사과했다.

그 말에 뒤를 돌아본 그 애는 꽁치의 완벽한 이상형이었다.

꽁치는 그 애랑 친해지고 싶었다. 그냥 친해지는 게 아니라 남자 친구가 되고 싶었다. 하지만 그 애에 대해 아는 것이라곤 '시연'이라는 이름뿐이었다. 그것도 선생님이 부르는 이름을 듣고 짐작한 거라 성은 모르고, 이름도 '시연'인지 '시현'인지 확실하지 않았다.

교복을 입고 오지 않아서 어느 학교에 다니는지도 알 수 없어 답답했다.

'어떻게 해야 친해질 수 있을까?'

꽁치는 수업 시간 내내 생각했다.

그 와중에 대호는 하나와 잘되고 있다고 자랑하는 메시지를 수시로 보냈다.

꽁치는 배가 아파서 발을 동동 굴렀다.

"부러워 죽겠다. 나는 짝사랑인데 참치만 잘되고……."

꽁치는 메시지 창을 열어 대호에게 마구 짜증을 부렸다.

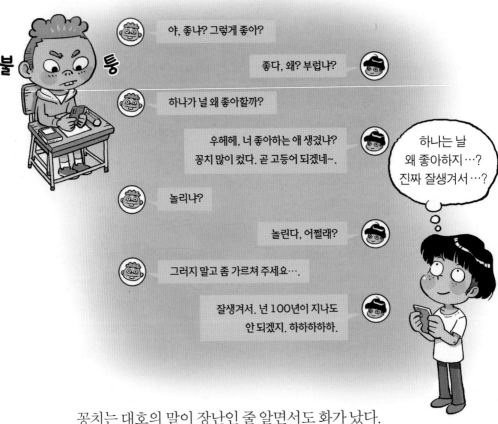

꽁치는 대호의 말이 장난인 줄 알면서도 화가 났다.

학교에서 왜 여자 친구 사귀는 법은 가르쳐 주지 않는지 이

해가 안 됐다.

가르쳐 주면 진짜 열심히 공부할 텐데…….

라후드는 다시 공부를 시작했다. 지구 탐사대의 공식 임무가 모두 끝나서 더는 지구 문명을 탐구할 필요가 없었지만, 광고판이 일을 만들었다. 라후드가 사는 일등학원 건물에서 훤히 보이는 높은 빌딩에 커다란 LED 광고판이 생긴 것이다.

커다란 광고판에는 지구인의 눈을 지나치게 피로하게 할 만큼 밝은 광고 영상이 온종일 쏟아져 나왔다.

광고는 드라마 다음으로 지구인을 탐구하기 좋은 소재였다. 지구인들이 무엇을 사서 쓰는지, 어떻게 사는지 알 수 있고, 지구인이 앞으로 어떻게 살지도 짐작할 수 있었다. 많은 지구인이 많이 광고하는 물건을 사서, 그 광고처럼 쓰며 살 테니까.

라후드는 광고를 따라 물건을 살 생각은 없었지만, 외계문명탐구클럽 회원들에게 지구 이야기를 할 때 이왕이면 최신 유행 물건들을 소개하고 싶어서 광고에 열중했다.

"쓰지 마세요~. 지구에 양보하세요~.", "알바, 전국에 다 있다.", "면발이 끝내줘요!", "넌 놀 때가 제일 예뻐. 푸른 해변으로 놀러 올래?" 등등.

라후드는 곧 광고판에 되풀이되어 나오는 광고를 다 외워 버렸다. 게다가 몇몇 광고는 라후드가 다른 데서도 본 거였다.

"좋아하게 되라고 그러는 거예요. 그래야 광고 효과가 좋거든요."

뒤에서 정 박사의 목소리가 들렸다. 라후드가 깜짝 놀라 돌아봤다.

최근에 웹툰 조회 수가 많이 나온 루이가 옥상에서 연 고기
파티에 정 박사를 초대하여 놀러 온 것이었다.

저 바다 여행 광고는 오늘만 12번 봤어요. 이제 13번째예요. 하지만 계속 본다고 더 좋아지진 않아요.

14번 보면 좋아지는 거 아니에요?

헛소리 말고 고기나 먹어.

오물

오물

라후드 씨는 꽤 이성적인가 봐요. 사람들은 자주 보면 정이 들거든요. 마음에 드는 사람이 있으면 자주 눈에 띄는 것도 방법이죠.

정말요? 꽁치에게 알려 줘야겠다!

톡

톡

톡

대호는 고기를 먹다 말고 꽁치에게 메시지를
보냈다.

 형님이 너를 짝사랑에서 구해 주마.

어떻게? 좋은 방법 있어?

 사람을 자주 보면 정든대.
주위를 계속 얼쩡거려 봐.

진짜? 그렇게 쉬운 방법으로
시연이가 날 좋아하게 만들 수 있을까?

 공부 엄청 잘하는 박사님이 가르쳐 준 거야.
성공하면 피시방 한턱내라.

꽁치는 고개를 갸웃거렸다.

"자주 마주치라고? 겨우 그걸로 될까?"

하지만 곧 고개를 끄덕였다.

"하나랑 대호는 한 건물에 살고, 같은 반이니까 진짜 자주 마주치겠지? 아, 그래서 커플이 됐구나!"

꽁치는 빨리 그 애와 커플이 되고 싶었다. 그래서 아주 적극적으로 그 애 주변을 얼쩡거렸다. 학원 엘리베이터도 일부러 기다렸다가 우연인 척 같이 타고, 자리도 그 애의 눈에 잘 보이는 곳으로 옮겼다. 학원에 가기 전에는 그 애가 내리는 버스 정류장에서 기다렸다가 그 애와 우연히 마주치는 척을 했다.

으악!

척

저….

•••

뭐야, 왜
저기 있는 거야?
꼴도 보기 싫은데….
학원 바꿀까?

시현은 꽁치가 싫었다. 정확히 말하면 꽁치를 볼 때마다 마음이 불편했다. 그런데 요즘 들어 너무 자주 마주쳤다.

'일부러 그러나? 놀리려고? 잘 알지도 못하는 애 때문에 왜 내가 불편해야 해?'

사실 시현에게 꽁치는 '잘 알지도 못하는 애'는 맞지만 전혀 모르는 애는 아니었다. 초등학교 5학년 때 놀이터에서 꽁치를 한 번 마주친 적이 있었다.

와….
잘생겼다.

야, 쟤 봐 봐.
헤헤, 얼굴에 소스
왕창 묻혔어.

어디?
아, 킥킥.

그 뒤로 시현은 집착적으로 입가를 닦는 버릇이 생겼다. 음
식을 한 입 먹고 입을 닦고, 한 입 먹고 또 닦고……. 너무 자주,
너무 세게 닦아서 뭘 먹고 나면 입가가 새빨갛게 부었다.

시현은 꽁치를 볼 때마다 그때의 기억이 떠올라 기분이 좋
지 않았다. 하지만 꽁치는 시현과 그런 일이 있었다는 사실 자
체를 까먹은 듯했다.

꽁치는 그냥 수학 학원에서 본 시현이 마음에 들었을 뿐이다. 그래서 대호의 조언대로 계속 시현의 주변을 맴돌았다.

그럴수록 시현은 꽁치가 더 불편했다. 하지만 꽁치는 꾸준히 시현 앞에 모습을 보였고, 결국 시현은 꽁치를 피해 수학 학원을 옮길 수밖에 없었다.

학원에 시현이 나타나지 않자 꽁치는 궁금했다. 고백은 못해도 얼굴은 한 번 더 보고 싶었다. 꽁치는 학교가 끝나고 시현이 사는 아파트 앞 편의점에서 시현을 기다렸다. 그런데 꽁치를 본 시현은 못 볼 것이라도 본 사람처럼 꺅, 소리를 질렀다.

시현의 반응에 꽁치는 얼굴이 뻘게졌다. 꽁치는 그대로 대호에게 달려갔다.

꾹 참고 있던 눈물이 터지고 말았다. 꽁치는 눈물을 줄줄 흘렀다.

대호는 우는 친구를 달래 본 적이 없어서 어쩔 줄 몰랐다.

"야, 네가 뭐 잘못한 거 아니야?"

대호가 위로라고 한 말에 꽁치는 더 큰 울음을 터뜨렸다.

"나 아무것도 안 했거든! 그냥 네가 말한 대로 주변에서 얼쩡거리기만 했는데…… 막 화내고……."

대호는 태세를 바꾸어 일단 꽁치의 편을 들어 주려고 꽁치의 짝사랑 상대를 흉보기 시작했다.

"그 애가 이상한 거 아니야? 왜 너한테 화를 내고 그러냐?"

"안 이상하거든! 내가 갑자기 나타나서 놀랐나 봐."

울면서도 그 애의 편을 드는 모습을 보니, 꽁치는 아직도 그 애를 좋아하는 것 같았다.

대호는 할 수 없이 정 박사님을 탓했다.

"공부 진짜 잘하는 정 박사님이 말해 준 방법이라 믿었는데, 순 엉터리네. 공부 잘해 봤자 소용없어. 안 그러냐?"

꽁치는 고개를 끄덕였다. 눈물이 그치고 나니 조금 부끄럽기도 했다.

"다른 애들한테는 비밀이다."

꽁치는 숨을 몰아쉬며 말했다.

그렇게 대호에게 한마디를 남기고 꽁치는 터벅터벅 집으로 돌아갔다. 꽁치의 쓸쓸한 뒷모습을 보고 대호는 결심했다.

"나는 절대 하나와 안 헤어질 거야."

대호는 인형 뽑기를 연습하러 뛰어나갔다.

그러나 대호가 몰랐던 사실이 있었다. 대호가 꽁치와 메시지를 주고받고 있던 사이, 정 박사는 이렇게 말했다.

사랑하지 않고는
견딜 수 없는 지구인들

작성자: 라후드

✸ 요즘 들어 하나와 대호가 이상 행동을 보이기 시작함.
등하교를 같이 하면서 마치 아닌 척 일등학원 건물
근처에만 오면 서로 따로 집에 들어감. 저번 주말에는
둘이 신나서 나가더니 시무룩해져서 돌아오는 것도 봄.
무엇이 대호와 하나의 기분을 하루에도 몇 번씩 변하게
만드는 거지?

✸ 일등학원 앞 건물에 커다란 LED 광고판이 생김. 지구인들은
거기에 나오는 같은 광고를 보고 또 보고 또 봄. 아무리
기억력이 안 좋은 지구인이어도 광고에 나오는 대사를
하나하나 외울 수 있을 정도로 같은 것을 계속 보게 됨. 본인이
원해서도 아니고 그냥 텔레비전이나 광고판에 나오기
때문에 계속 볼 수밖에 없음.

✸ 정 박사가 지구인은 같은 것을 자주 보면 그것에 익숙해져서
좋아진다고 함. 그런데 또 별로 안 좋아하는 걸 자꾸 보면 더
안 좋아하게 될 수도 있다고 함. 지구인의 마음은 알면 알수록
복잡한 것 같음.

지구인의 사랑은 뇌가 시킨다

대호는
뭘 해도 멋있잖아~.

- 사랑을 하는 지구인들에게는 이상 증세가 나타남. 사랑에 빠진 지구인들은 상대 앞에서 얼굴이 빨개지거나 심장이 빨리 뛰기도 하고, 다리에 힘이 풀리기도 함. 심지어 그 상대가 세상에서 제일 예쁘고 멋지다는 착각까지 하게 되는데, 이를 '콩깍지가 씌었다'고 함.

- 이러한 지구인들의 비정상적인 변화는 사랑을 할 때 지구인의 뇌에서 무수히 많은 신경 전달 물질이 분비되기 때문임. 쾌감을 느끼게 하는 '도파민'이 마구 솟구치는 것은 물론, 이성을 마비시켜 콩깍지를 씌우는 데 결정적 역할을 하는 '페닐에틸아민', 이유 없이 히죽히죽 웃게 만드는 '엔도르핀', 신체적인 흥분과 떨림을 만드는 '노르에피네프린' 등 사랑에 푹 빠진 지구인의 뇌에서는 온갖 신경 전달 물질들이 폭발함. 한편, 이때 심리적인 안정감을 주는 신경 전달 물질인 '세로토닌'의 분비량은 줄어드는데, 이 때문에 사랑에 빠진 지구인들은 강박적으로 온종일 사랑하는 상대만 생각하는 상태에 이르게 됨.

- 또 사랑 중인 지구인들은 상대방을 보고 또 봐야 직성이 풀리고, 보지 못하면 불안해하는 중독 증세를 보이기도 함. 인류학자 헬렌 피셔 연구 팀이 사랑에 빠진 지구인들의 뇌를 촬영한 결과, 마약에 중독된 지구인의 뇌와 같이 '복측피개영역'이 활성화되는 것을 확인함. 복측피개영역은 지구인의 뇌에서 어떠한 보상을

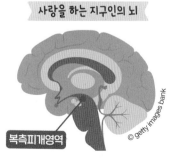

사랑을 하는 지구인의 뇌

복측피개영역

©getty images bank

얻는 데 집중하게 하는 부분 중 하나로, 지구인들이 사랑하는 상대의 마음을 얻으려 열정을 불태우고, 그 상대를 위해 뭐든 하려고 하는 것도 복측피개영역의 영향이라 할 수 있음. 지구인들이 사랑은 가슴으로 한다고 말하지만, 실제로는 머리로 하는 것임.

지구인들은 익숙해질수록 좋아하게 된다

- 마음에 드는 지구인을 발견했을 때 그 지구인에게 호감을 얻는 효과적인 방법 중 하나로 '자주 알짱거리기'가 있음. 지구인들은 자주 보면 볼수록 좋아지는 경향이 있기 때문임. 이를 지구에서는 '단순 노출 효과'라고 부름.

- 단순 노출 효과라는 용어를 지은 미국의 사회 심리학자 로버트 자이언스는 지구인 12명의 사진을 참가자들에게 반복적으로 보여 주는 실험을 진행함. 0번, 1번, 2번, 5번, 10번, 25번, 다른 빈도수로 사진을 보여 주며 사진 속 지구인에 대한 호감도를 조사했는데, 본 횟수가 많을수록 호감도도 높아지는 결과가 나타남.

- 또 지구인들은 상대를 좋아하고 서로에게 익숙해질수록 그 상대와 외모, 말투, 표정, 행동까지 비슷해지는 경향이 있음. 이는 상대의 행동을 보는 것만으로도 자기가 직접 하는 것처럼 느끼거나 저절로 따라 하게 되는 뇌신경인 '거울 뉴런'이 작용하기 때문임(※보고서 16과 58 참고). 그래서 지구에서는 놀라울 정도로 비슷한 인상을 가진 부부나 오래된 연인을 종종 만날 수 있음. 심지어 배우자나 자식 등 깊은 교감을 하는 상대와는 호흡, 체온, 심박수 등의 신체 리듬까지 같아진다는 연구 결과도 있음.

첫인상이 오래가는 지구인들

첫인상이 비호감이었던 상대는 보면 볼수록 더 싫어하게 될 가능성도 있다.
이는 지구인의 뇌에서 동일한 대상에 대해 처음 입력된 정보가 나중에 입력된 정보보다 강한 기억으로 남는 '초두 효과' 때문이다.
한 연구에 따르면, 이렇게 지구인에게 한번 박힌
첫인상을 바꾸는 데에는 최소 60번 이상의
만남이 필요하다고 한다. 하지만 비호감인
상대를 60번이나 만나 줄 지구인은 아무도 없다.
지구인에게 첫인상은 끝 인상과 다름 없으니,
지구인들의 마음을 얻고자 한다면 좋은 첫인상을
위해 언제나 깔끔한 용모를 유지할 것.

저 손님은 보면 볼수록 호감이고...

저 손님은 보면 볼수록 비호감이야...

3

도듀리와 최고의
진짜 마음은?

지구인의 마음은 이리저리 흔들린다

최고는 여자인 친구가 없다. 고백을 해 본 적도 없고, 고백을
받아 본 적도 없다. 당연히 여자 친구를 사귀어 본 적도 없다.
최고는 친하게 지내는 여자 사람 친구도 없었다.
그래도 아쉽지 않았다. 여자애들은 재미없으니까!

"라이언, 형아 왔다~."

최고는 집에 도착하자마자 자
신을 배신하지 않을 동물 친구를
불렀다. 그런데 문이 열리자마자
라이언은 문틈으로 탈출을 시도
했다. 최고는 재빨리 라이언을 안
아 올렸다.

"요 녀석, 나가면 안 돼. 밖에는 무서운 누룽지 형님이 있어."

최고는 여자 때문에 자신을 배신하는 치사한 친구들 말고
동물 친구들과 놀기로 했다. 라이언을 번쩍 안고, 도마뱀 집을
들고 옥상으로 올라갔다.

최고는 전에도 라후드와 오로라가 옥상에서 비밀스러운 행동을 하는 것을 보았다. 옥상 구석에 이상한 기계를 숨겨 두는 것도 봤다. 그런데 지금 라후드는 그 기계를 들고 수상한 행동을 하고 있다. 최고의 예상대로 라후드와 오로라는 역시……

"아저씨, 지금 뭐 하세요?"

최고는 냅다 소리쳤다. 라후드는 놀라서 뒤를 돌아보다가 그만 균형을 잃고 넘어졌다.

다행히 최고의 상상력은 지구를 벗어나지 않았다.

"스파이라니, 하하하. 이 기계는…… 어…… 인터넷 기계야.
인터넷 통신 기기. 인터넷이 안 되면 큰일이잖아. 드라마도 못
보고, 너튜브도 못 보고……. 끝장이지."

"정말요? 우리 집 거랑은 다르게 생겼는데……."

최고는 웜홀 통신 기기를 만져 보며 고개를 갸웃거렸다. 이
장면을 오로라가 본다면, 아우린의 안전을 위해 최고의 안전
을 위협할 것이다. 그렇다면 라후드가 먼저 최고의 기억을 제
거할까? 고민하는 동안 최고가 라후드에게 말했다.

"아, 이거…… 오래된 기계죠? 딱 봐도 고물이네요. 우리 집은
이번에 새 걸로 바꿔서 이렇게 안 생겼거든요. 엄청 잘되고요.
아저씨네도 새 걸로 바꾸세요."

최고는 지구인이 수백 년을 매달려
도 발명하기 어려운 웜홀 통신 기기
를 한마디로 무시했다. 라후드는 최
고의 하찮은 눈썰미가 고마웠다.

"아, 그렇구나. 새로 바꿀게. 그럼,
이만."

라후드는 부서진 통신 기기를 주워
들고 잽싸게 임시 본부로 돌아갔다.

고장 난 건 아니겠지?
그러면 통신도 끝이고
나도 오로라에게
끝장날 텐데….

흔들

흔들

"아싸네 아빠는 고물 인터넷 기계 때문에 맨날 옥상에 있었구나. 난 또, 루이 형 웹툰에 나오는 외계인들처럼 외계 행성 스파이인 줄 알았네."

라후드는 몰랐지만, 최고의 상상력은 지구 밖 외계로 쭉쭉 뻗어 나가고 있었다.

라이언은 최고가 라후드와 이야기하는 사이에 살금살금 옥상 벽으로 다가갔다. 공중 냐냐 기술을 이용해 옥상에서 훌쩍 뛰어내려 냐냐 특공대에 합류할 생각이었다.

문제는 라이언의 이동 속도였다. 라이언은 냐냐 행성에서 지구 고양이들보다 훨씬 빠르고 날쌨다. 그러나 냐냐 행성보다 중력이 강한 지구에서는 행동이 굼뜨고 느렸다.

냐냐, 기다려라, 냐냐 특공대!

라이언! 위험해!

왜? 밑에 뭐가 있어?

당장 내려와. 합류해라, 냐냐.

설마 또 고백을 받아 주는 거야? 아싸, 바람둥이야?

최고는 라이언을 번쩍 안고 1층으로 내려갔다. 그리고 건물로 막 들어오는 아싸를 보고 물었다.

"아싸, 혹시 너, 또 고백 받아 줬어?"

"응."

"아까 학교에서도 받았잖아. 그 애랑 사귄다며? 근데 쟤랑도 사귄다고? 그러면 어떡해? 한꺼번에 두 명 사귀면 안 되잖아."

"응, 맞아. 두 명은 안 돼."

아싸는 다행히 바람둥이는 아닌 모양이었다. 최고는 안심하며 고개를 끄덕였다.

"그래, 잘 생각했어. 그러다간 여자애들한테 혼나."

최고의 말대로 다음 날 학교에서는 한바탕 야단이 났다. 아
싸에게 고백했던 여자애들이 우르르 몰려온 것이다.

"야! 너 어떻게 우리 고백을 다 받을 수가 있어?"

"잘생겼다고 우리 무시해?"

어제까지 상냥했던 지구인들이 왜 갑자기 소리를 지르지?

"얘기해 봐. 너 진짜로 좋아하는 애가 누구야?"

그제야 그들의 질문이 이해됐다. 도됴리는 미소를 지으며
한 명, 한 명 가리켰다.

최고는 여자애들한테 당하는 아싸가 조금 고소했다.

"헤헤, 저럴 줄 알았어."

"나도."

언제 왔는지, 같은 모둠의 주은이가 옆에 서 있었다.

"아싸, 내 취향은 아니야. 난 귀여운 강아지 상이 좋아."

주은이는 뜬금없이 자신의 이상형을 발표했다. 최고는 관심이 없어서 대꾸도 안 했다.

"너처럼."

이것은…… 고백인가? 최고는 놀라서 주은이를 쳐다보았다. 주은이가 씩 웃었다. 주은이는 웃을 때 앞니가 토끼처럼 드러나서 귀여웠다.

"넌 어때?"

주은이가 최고의 눈을 빤히 쳐다보며 물었다. 쿵! 최고의 심장이 발가락까지 내려갔다가 올라왔다.

"뭐……?"

"나는 너 좋아하는데, 너는 어때?"

확실한 고백이었다. 최고의 심장은 요동치고 얼굴은 화끈화끈 빨갛게 달아올랐다.

"내일까지 결정해 와. 자, 약속."

약속.

우리…
손 잡은 건가?

그동안 최고는 주은이에게 전혀 관심이 없었다. 그런데 고백을 받고 나니 자꾸 주은이가 생각났다.

다음 날, 최고가 학교에 도착하자마자 주은이가 다가왔다.

"결정했어?"

"으, 응? 뭘?"

주은이는 아직 결정을 못 한 최고를 재촉했다.

"나랑 사귈 거야?"

"응? 응."

최고는 자기도 모르게 대답해 버렸다.

그날 하굣길에 최고는 혼자가 아니었다. 주은이와 나란히 걸었다. 최고의 마음은 두근두근, 콩닥콩닥 설레었다.

"우리 강아지 보여 줄까?"

주은이가 하얗고 몽실몽실한 강아지 사진을 보여 주었다.

"와, 귀엽다. 나도 동물 키우는데."

최고는 주은이가 동물을 좋아해서 더 마음에 들었다.

최고의 연애는 하루도 못 가서 끝났다. 실연을 당하면 마음이 아프고 슬프다던데, 그렇지는 않았다. 그냥 기분이 좀 안 좋고 찜찜했다.

"최고야! 최고, 최고! 같이 가자~!"

아싸가 팔랑팔랑 뛰어왔다. 전날 아침에 무려 다섯 명에게 실연을 당하고 공개적으로 혼쭐난 사람으로 보이지 않았다.

"너 괜찮냐? 어제 여자애들 난리였잖아."

"응. 난리 좋은데, 어제 난리는 별로였다. 나 좋아하면 나도 좋은데, 나 싫어하면 나도 싫다."

"치, 진짜 좋아한 게 아니라 고백만 받아 준 거였네."

그 말을 하는 순간 최고는 깨달았다. 최고도 주은이를 진짜 좋아한 게 아니었다. 처음 고백을 받아 설레었고, 우쭐했다. 한 번쯤 여자 친구를 사귀어 봐도 괜찮을 것 같았다. 그래서 주은이에 대한 감정을 잘 알지도 못하면서 고백을 받아들였고, 도마뱀을 싫어하는 모습에 바로 정이 떨어졌다.

"진짜 좋아하는 마음은 어떤 거야?"

아싸가 불쑥 물었다.

"나도 몰라. 집에나 가자."

최고는 아싸의 어깨에 팔을 턱 걸쳤다. 사랑이 뭐라고……. 최고와 아싸는 아직 여자 친구를 만날 때가 안 된 것 같았다.

지구 생명체들이 사랑 상대를 찾는 방법

작성자: 도됴리

★ 라후드가 큰 사고를 저지름. 일등학원 건물 옥상에 올려 둔 통신 기기를 고장 냄. 오로라는 그날 이후로 표정이 매우 안 좋음. 도됴리도 지구 생활이 재미있긴 하지만 고향으로 돌아가지 못한다면 매우 슬플 것임.

★ 지구인의 학교라는 곳은 정말 재미있음. 어른부터 어린이까지

다양한 지구인을 만날 수 있는 곳임. 그곳에서는 특히 여자 지구인들이 도됴리에게 말을 자주 걸어 줌. 어린 여자 지구인들은 도됴리가 궁금한 것부터 궁금하지 않은 것까지 다 알려 주고 심지어 도됴리를 매우 좋아함(직접 도됴리에게 그렇게 말했음!).

★ 항상 시끄럽고 난장판이어서 재미있는 학교에서 처음으로 도됴리가 싫어하는 종류의 난리가 발생함. 전날까지만 해도 도됴리가 좋다던 여자애들이 다들 우르르 몰려와 화를 내기 시작함. 그러면서 도됴리가 좋아하는 지구인을 딱 한 명만 고르라는 것!

★ 지구인들은 좋아하는 것이 있어도 마음대로 좋아하지 못하는 듯. 나한테는 다섯 명 중에 꼭 한 명만 고르라고 그러더니 최고와 하루 동안 친하게 지낸 주은이는 이제 최고에게 말조차 걸지 않음.

너도 좋으면 나도 좋은 지구 생명체

- 지구인들의 취향은 각자 다르지만, 대부분의 지구인 집단에서 특정 한두 명이 다른 지구인들의 인기를 독차지하는 경우가 많음. 지구인들에게는 남들이 좋아하는 지구인을 따라서 좋아하는 모방 심리가 있기 때문. 지구인들은 특히 불확실한 선택을 할 때 타인의 선택을 참고해 결정하려는 경향이 있음. 즉, 인기가 많다는 것을 그 지구인이 괜찮은 상대라는 근거로 삼아 자신 역시 좋아하게 되는 것임.

- 이렇게 남들이 좋아하는 대상을 선호하는 경향은 지구인이 아닌 지구 동물들 사이에서도 나타남. 생물학자 리 앨런 듀가킨이 서인도 제도에 서식하는 열대어 '거피' 암컷들을 대상으로 실험한 결과, 암컷들은 유전적으로 밝은 주황색의 수컷을 선호하지만, 한 암컷이 어두운 색을 가진 수컷을 선택하는 모습을 보이자 다른 암컷들도 비슷한 색의 수컷을 짝으로 고르는 행동이 관찰됨.

- 인기가 한 명에게 쏠리는 경우 인기의 대상이 일명 '바람'을 피울 때도 있음. 바람을 피우는 이유와 핑계는 여러 가지지만, 일부 지구인과 동물들에게 '바소프레신'이 영향을 줄 수도 있다고 알려져 있음. 바소프레신은 신뢰와 유대감, 집착을 강화시키는 호르몬으로, 뇌에서 이 호르몬이 적게 분비될수록 바람을 피울 확률이 높아진다는 것.

지구 동물들의 사랑

- 지구인이 사랑하는 대상은 연인 말고도 가족, 친구, 연예인 등 다양함. 그중에는 지구인이 아닌 다른 존재들도 있음. 특히 함께 사는 반려동물에 대한 사랑은 지구인 간의 사랑을 뛰어넘을 정도. 지구인의 대표적인 반려동물로는 '개'가 있음. 개는 아주 오래전부터 지구인들과 함께 살아 온 생명체임.

- 지구인과 반려견의 사랑은 지구인 부모와 자식 사이의 사랑과 유사하다고 함. 실제로 지구인과 반려견이 눈을 맞추고 만질 때, 모성애를 증폭시키고 사랑을 느끼게 하는 호르몬인 '옥시토신'이 지구인은 약 300%, 반려견은 130% 증가한다는 실험 결과가 있음. 지구인이 간혹 자신의 반려견을 '우리 아기', '내 새끼'라고 부르는 것은 실제로 낳았다는 뜻이 아닌, 옥시토신의 영향임.

반려견을 보는 지구인의 뇌
©getty images bank
시상하부
옥시토신분비
뇌하수체 후엽

토토야, 아프지 말고~, 사랑해~.

숨 막힌다….

- 동물들끼리도 사랑을 할 수 있음. 대부분의 조류와 포유류 동물들은 짝이 되고 싶은 상대를 찾으면 도파민과 옥시토신이 분비되는 등 사랑에 빠진 지구인의 뇌와 비슷한 변화를 겪음. 그 상대를 고르는 기준 역시 지구인 못지않게 까다로운데, 야생 동물 약 100종을 조사한 결과, 예쁘지 않거나 나이가 너무 적거나 많은 상대는 피하는 등 대부분의 동물들이 제각기 취향에 따라 짝을 선택함.

지구인은 진짜 하나를 보면 열을 알까?

지구인들은 멋진 지구인을 보면 종종 '후광'이 비친다며 호들갑을 떠는데, 여기서 후광은 실제 빛이 난다는 것이 아니라 외모, 행동, 성격 등 그 상대를 더욱 도드라지게 하는 특징을 비유하는 말이다. 그런데 지구인들은 그 후광 하나만으로 상대를 판단하기도 한다. 예를 들어, 외모가 매력적이라는 이유만으로 그 지구인의 성격도 좋을 것이라 예상한다든지, 인기가 많다는 이유로 괜찮은 상대라 생각하는 것. 부정적인 일부 특징으로 그 대상을 낮게 평가하는 것도 마찬가지. 이처럼 한 가지 특성이 전체를 판단하는 데 영향을 주는 지구인의 현상을 '후광 효과'라 부른다.

떨어진 핸드폰을 주워 주고, 아주 성실하고 바른 청년일 거야.

헤헤….

4

반짝이 여사의
사랑 이야기

아프기도, 든든하기도 한 지구인의 사랑

아우레 임시 본부의 상황은 심각했다. 오로라는 통신 기기를 고장 낸 라후드를 임시 본부에서 쫓아 버리고 싶었다. 하지만 오로라는 아우레 탐사대를 안전하게 보호할 책임이 있는 탐사대장이다. 그래서 냉정한 이성으로 화를 꾹 눌렀다.

긴장된 임시 본부와 달리 바깥은 시끄러웠다. 잠깐 심각했던 도됴리의 관심이 금세 창밖으로 향했다.

"지구인들 시끄럽다. 싸우나?"

도됴리는 창문으로 고개를 불쑥 내밀었다. 고백 사건으로 한바탕 소란을 겪고도 도됴리는 여전히 시끌벅적하고 야단법석인 상황이 즐거웠다.

오로라의 말이 맞았다. 큰 소리로 대화하는 두 사람은 반짝이 여사 부부였다.

마침 창밖으로 내다보던 하나도 그들을 보고 중얼거렸다.

"반짝이 할머니랑 할아버지네. 또 싸우시나? 맨날 싸우실 거면서 결혼은 왜 하셨지?"

하나는 일 원장의 집에 놀러 와 TV를 보고 있는 홍실 할머니에게 물었다.

"할머니, 반짝이 할머니는 왜 할아버지랑 결혼했대요? 진짜 좋아서 결혼한 거 맞아요?"

"당연히 좋아서 하지, 왜?"

"옛날에는 부모님이 정해 준 사람이랑 결혼하고 그랬잖아요. 반짝이 할머니도 그런가 해서요."

"아휴, 아니야."

홍실은 두 손을 내저었다.

"반짝이는 자기가 좋아서 쫓아다니다가 결혼했어. 예전에는 여자들이 좋아하는 남자한테 적극적으로 다가가지도 못했는데, 반짝이는 달랐지. 아주 솔직하고 용감하게 밀고 나갔거든."

홍실은 요란했던 반짝이의 연애사를 떠올리며 허허 웃었다.

반짝이는 홍실이 다니는 대학교에 놀러 갔다가 남편을 처음 보았다.

　반짝이는 당장이라도 저 멋진 남자와 사귀고 싶었다. 하지
만 의리의 반짝이는 먼저 확인할 것이 있었다.

　"홍실아, 너 혹시 저 멋있는 사람 좋아해?"

　반짝이는 홍실이 아니라고 하길 간절히 바랐다. 홍실은 의
미심장한 미소를 지으며 대답했다.

　"아, 저 멋진 선배~. 우리 과 학생은 다 저 선배 좋아하지."

그러면 홍실이도 저 남자를 좋아하겠구나. 하긴, 어떤 여자가 저런 멋진 사람을 좋아하지 않겠어? 반짝이는 실망했다. 반짝이는 사랑보다 우정이 중요하다고 믿었기에 '멋진 선배'가 아무리 마음에 들어도 홍실이가 좋아하면 포기하려고 했기 때문이다. 눈물을 머금고…….

홍실은 고개를 떨군 반짝이를 보고 엉큼하게 웃으며 덧붙였다.

"으흐흐, 근데 나만 저 선배 안 좋아해. 난 좋아하는 사람 따로 있거든."

"정말? 그럼, 저 사람 내가 찜한다!"

"그래. 근데 쉽지 않을걸. 저 선배, 모두에게 친절한데 막상 연애는 안 하더라."

"나는 달라. 두고 봐."

반짝이는 당당하게 선언하고 그 '멋진 선배'를 쫓아다니기 시작했다.

그 선배는 반짝이에게 신경을 쓰지 않았다. 워낙 인기가 많아서 반짝이처럼 자신을 짝사랑하는 학생들이 넘쳤기 때문이다. 반짝이는 그들보다 더 자주 그 선배의 눈에 띄려고 홍실보다 더 열심히 학교에 다녔다. 선배가 자주 가는 학교 서점에 취직하고, 선배가 좋아하는 음식을 알아내 도시락을 싸 갔다.

반짝이의 '눈에 띄기' 작전은 성공한 것 같았다. 선배는 반짝이를 점점 더 친근하게 대했다. 그러다가 둘은 자연스럽게 연애를 시작했다.

"홍실아, 이제부터 내 얼굴 보기 힘들 거다. 난 날마다 선배랑 놀 거거든."

반짝이는 세상을 다 가진 얼굴이었다. 홍실은 친구를 뺏기는 기분이라 아쉽기도 했지만, 그래도 마음껏 축하해 주었다.

"그렇게 좋아? 싸우지 말고 잘 지내~."

사랑만 하기에도 부족한 시간에 싸운다고? 반짝이는 절대 그럴 일은 없다고 큰소리를 쳤다. 하지만 한 달도 지나지 않아 반짝이는 홍실을 찾아와 하소연했다.

반짝이는 선배를 좋아하는 마음이 커진 만큼 불안한 마음도 커졌다. 가만히 있다가 갑자기, 아무 이유도 없이, 선배와 헤어지게 될까 봐 잠도 못 잤다. 선배가 취직한 뒤에는 회사에 멋진 여자가 있을까 봐 발을 동동 굴렀다.

"회사에 멋진 여자 있으면 어때서? 선배는 널 좋아하잖아."

"지금은 그렇지만, 선배 마음이 변하면 어떡해?"

반짝이는 존재하지도 않는 멋진 여자를 질투했다. 이성적으로는 말도 안 되는 일이지만, 반짝이는 마음을 통제할 수 없었다. 좋을 줄만 알았던 연애는 반짝이를 고통스럽게 만들었다.

"홍실아, 사랑은 원래 이렇게 힘든 거니? 그냥 헤어질까?"

반짝이는 홍실에게 마음에도 없는 넋두리를 늘어놓았다. 그때마다 홍실은 반짝이를 달래고, 선배에게 전화해서 잔소리를 퍼부었다.

홍실에게 약속한 것처럼 선배는 곧 반짝이를 안심시켰다. 반짝이에게 프러포즈를 한 것이다.

둘은 결혼에 성공했다. 결혼식 날 반짝이의 기분은 날아갈 듯 좋아 보였다.

할머니들의 연애는 옛날 영화처럼 지루할 줄 알았는데, 반짝이 할머니의 사랑 이야기는 시트콤같이 재미있었다. 하지만 하나에게는 아직도 풀리지 않는 의문이 있었다.

"반짝이 할머니는 그렇게 좋아서 결혼했으면서 지금은 왜 맨날 큰 소리 내고 싸워요?"

"큰 소리는 맞는데, 싸우는 건 아니야. 반짝이 남편 귀가 잘 안 들려서 크게 말하는 거야. 귀가 잘 안 들려서 엉뚱한 말을 해도 같이 대화하고 싶어서 목 쉬어라 소리 지르는 게 진짜 사랑 아니겠니?"

"으윽, 그게 무슨 사랑이에요? 할아버지가 보청기를 하면 될 텐데."

하나는 고개를 절레절레 저었다. 갑자기 홍실의 목소리가 높아졌다.

"내 말이! 그 선배가 보청기를 하라고 해도 절대 안 한대. 노인 같아 보인다나? 돋보기는 쓰고 다니면서 보청기는 왜 안 해?"

홍실의 화난 목소리에서 하나는 반짝이 여사를 위하는 할머니의 우정을 느낄 수 있었다.

설레고 두근거리는 사랑만 좋은 줄 알았는데, 믿음직하고 편안한 사랑도 좋고, 든든한 우정도 좋은 것 같아.

사랑에 빠진
지구인의 뇌는 열일 중

작성자: 라후드

★ 홍실 여사의 친구 반짝이 여사는 맨날 길거리에서 남편한테 소리를 지르고 있음. 화를 내고 있는 것으로 오해할 수 있지만 사실 그냥 목소리를 크게 내어 대화를 하려고 하는 것뿐임. 반짝이 여사의 남편은 귀가 잘 안 들린다고 함. 아무리 과학 기술이 덜 발달한 지구라지만, 귀를 잘 들리게 해 주는 '보청기'라는 게 있는데, 왜 사용하지 않지?

★ 그동안 지구인들을 관찰한 결과, 지구인들은 사랑하는 사이가 되면 '연애'를 하고 '결혼'을 하기도 함. 결혼을 하면 오랜 시간 함께 살며 '가족'이라는 것을 만듦. 일등학원 원장도 결혼을 해서 하나와 최고를 낳아 가족을 만들었고, 그 전에 홍실 여사가 하나의 할아버지와 결혼하여 일 원장을 낳아 가족을 만든 것. 지구인은 그렇게 멸종하지 않고 살아가고 있음.

★ 하지만 꼭 남자 지구인과 여자 지구인이 만나서 아이를 낳아야 가족이 만들어지는 것은 아님. 지구에는 다양한 형태의 가족이 있음. 그럼 나, 오로라, 도됴리도 가족이라고 할 수 있을까?

지구인이 사랑에 빠지는 데 걸리는 시간

- 지구인들은 '첫눈에 반했다'는 말을 함. 상대를 보자마자 사랑을 느꼈다는 뜻인데, 실제로 지구인들이 사랑에 빠지는 데에는 단 1초도 걸리지 않음. 지구인의 뇌는 사랑에 빠지는 순간 12개의 영역이 동시에 활성화되며 도파민, 옥시토신, 아드레날린같이 사랑에 관여하는 호르몬들을 단 0.2초 만에 분비함. 또한 지구인 스스로 자신이 사랑에 빠졌다는 것을 인지하는 데에도 50초밖에 걸리지 않음.

- 상대의 외모가 매력적인지 판단하는 데는 0.001초 정도 걸림. 지구인의 뇌에서 감정과 사고를 종합해 판단하는 '전전두엽'에서 거의 상대를 보는 순간 결정함. 제프리 쿠퍼 연구 팀이 남녀 대학생 각각 70여 명을 한 장소에 모아 5분씩 돌아가며 이야기를 나누는 미팅을 진행함. 미팅 전 실험 참가자들에게 곧 만날 이성들의 사진을 몇 초간 빠르게 보여 줌. 그 결과 마음에 드는 이성의 사진을 볼 때 전전두엽이 활발해짐. 그리고 사진을 봤을 때 느낀 호감도와 미팅 후의 호감도는 63%나 일치했음.

- 지구인들은 객관적으로 첫눈에 반하기 힘든 외모를 가진 상대에게 첫눈에 반하기도 함. 누구나 공통적으로 호감을 가질 만한 외모를 보면 '복내측 전전두 피질'이 반응하고, 자기 취향의 외모를 볼 때는 '문내측 전전두 피질'이란 부분이 활발해짐. 문내측 전전두 피질은 상대와 자신이 얼마나 비슷한지 등 사회적 판단을 하는 부분. 즉, 지구인의 뇌는 처음 보는 상대와 자신이 잘 어울리는 짝인지 판단하며 상상의 나래를 펼치는 것.

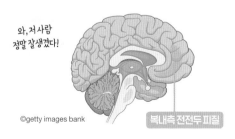

객관적으로 멋있는 사람을 볼 때

와, 저 사람 정말 잘생겼다!

©getty images bank

복내측 전전두 피질

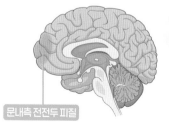

내 취향에 꼭 맞는 사람을 볼 때

어머, 저 사람 딱 내 스타일이야!

문내측 전전두 피질

오래 함께한 지구인 부부의 사랑

- 지구에서 오래된 부부나 연인을 보면 정말 사랑하는 사이가 맞는지 의구심이 들기도 함. 같이 다니면서도 서로 말 한마디를 안 한다거나, 멀리 떨어져서 걷는 등 사랑을 시작할 때 사이 좋던 모습과는 완전히 다른 모습을 보이기 때문임.

- 이는 오래된 연인일수록 상대에게 안정감과 유대감을 느끼게 하는 옥시토신이 뇌에서 많이 분비되기 때문. 옥시토신이 많이 분비되면 사랑하는 상대에 대한 설렘보다는 존재 자체의 편안함과 애착을 느끼게 된다고 함.

- 옥시토신은 모성애와 관련된 호르몬이기도 해서, 아이를 낳으면 엄마 지구인의 옥시토신은 아이를 상대로 급격하게 증가하고 남편을 상대로는 줄어드는 경향이 있음. 물론 아빠 역시 아이에 대한 옥시토신이 점점 증가하기는 하지만 아내보다는 그 변화가 느림. 지구인 부부 중에는 아이에게 사랑을 더 쏟는 아내에게 서운해 하는 남편들도 종종 있음.

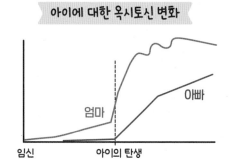

아이에 대한 옥시토신 변화

엄마 / 아빠 / 임신 / 아이의 탄생

질투의 화신으로 변신하는 지구인들

- 지구인들은 사랑하는 상대가 자신이 아닌 다른 지구인을 좋아하거나 다른 지구인과 친하면 샘을 내는데, 이를 '질투'라고 함. 지구인이 질투를 느끼는 상대의 행동은 대부분 사소한 일일 때가 많음.

- 지구인들이 이렇게 질투가 심한 이유는, 질투가 유발되는 순간 지구인의 뇌에서 사랑, 통제, 공포와 관련된 영역들이 모두 활성화되기 때문임. 즉, 상대방을 내 마음대로 통제하고 싶은 동시에 상대가 나를 떠날지도 모른다는 두려움을 느끼는 것. 사랑하는 마음이 크면 클수록 질투도 심해지기 마련이지만, 상대에 대한 신뢰가 깊다면 질투 역시 약해질 수 있다고 함.

5

이마음은
우정일까?

친구를 좋아하게 된 지구인의 마음

루이야, 알바 찾는다며? 내가 일하는 영화관에서 알바할래?

루이는 갑작스럽게 걸려 온 수영의 전화가 몹시 반가웠다.

수영은 루이의 중학교 동창이다. 그것도 3년 동안이나 같은 반이었던! 자주 만나지는 않아도 스스럼없는 진짜 친구다.

"고맙다.

안 그래도 웹툰 그린다고 알바를 쉬었더니 조금 쪼들리던 참인데. 헤헤."

루이는 수영의 앞에서 체면을 차리지 않았다.

"나야말로 고맙지. 너 같은 알바의 신이 오면 일일이 교육하지

그렇지?

이거 진짜 웃기다!

않아도 되니까. 직원 복지로 영화 티켓도 나오니까 나중에 영화라도 같이 보자."

수영은 말도 참 예쁘게 했다. 그래서 오랫동안 친구로 지낼 수 있었는지도 모르겠다.

루이는 수영과의 전화를 끊고 함박웃음을 지었다. 왠지 예감이 좋았다.

루이는 대학생 때부터 온갖 알바를 섭렵했지만, 영화관 일
은 처음이었다. 하지만 자신은 있었다. 놀이공원에서 팝콘도
튀겨 보았고, 카페에서 커피도 만들어 봤으며, 편의점에서 일
할 때는 온갖 손님을 다 상대해 봤으니까!

그런데 영화관에서 루이가 맡은 첫 업무는 청소였다.

루이는 다른 알바생들이 매점과 매표소에서 바쁘게 손님들
을 상대하는 동안 빗자루와 밀걸레를 들고 다니며 떨어진 팝
콘을 쓸고, 쏟아진 음료를 닦았다. 일의 종류가 다를 뿐인데 이
상하게도 자신이 빗자루와 밀걸레처럼 보잘것없어진 것 같아
씁쓸했다.

"알바의 신에게는 너무 시시한 일이지?"

루이의 뒤에서 수영이 불쑥 말을 걸었다.

"근데 청소가 여기 일 중에 제일 쉬워. 매니저의 권한으로 일 부러 너 청소하게 해 준 거야.

"신입은 원래 청소잖아. 나도 다 알거든."

말은 그렇게 했지만, 루이는 수영의 너스레 덕분에 기분이 풀렸다.

영화관은 스토리를 고민하는 웹툰 작가인 루이에게 참 좋은 일터였다. 사람들의 다양한 모습을 마음껏 관찰할 수 있으니 말이다. 특히 젊은 커플들을 보는 게 흥미로웠다.

"아직 사귀는 사이는 아님, 사귄 지 얼마 안 된 커플, 오래된 커플, 곧 깨질 것 같은 커플, 누가 봐도 100% 친구 사이, 한 명은 짝사랑, 다른 한 명은 우정……."

커플들을 보며 혼자 이야기를 꾸미다 보면 청소하는 것도 그렇게 나쁘지만은 않았다.

영화관에서 일한 지 한 달도 되지 않아 루이는 매점 담당으로 승진했다.

수영의 말대로 매점 일은 청소보다 훨씬 바쁘고 정신없었다. 세 가지 맛 팝콘과 핫도그, 치즈볼, 오징어 등 12가지 음식 메뉴와 7개의 음료를 준비하느라 눈코 뜰 새 없었다.

그래도 루이는 혼자 하는 청소보다 매점 일이 좋았다. 다른 알바생들과 수다도 떨 수 있고, 더 재미있었다.

드디어 첫 월급을 받은 날, 루이는 수영에게 저녁을 사겠다고 했다. 수영은 웃으며 손사래를 쳤다.

"아이고, 매니저가 어떻게 신입한테 밥을 얻어먹어?"

"아니야, 내가 사야지. 네 덕분에 일자리도 구했는데."

"됐거든! 네 동생 맛있는 거나 사 줘."

루이는 결국 수영에게 돼지갈비를 배불리 얻어먹고 말았다.

"커피는 정말로 내가 살게. 디저트도 먹자."

루이는 지갑부터 빼 들었다. 수영은 또 고개를 저었다.

"너무 배불러서 이제 아무것도 못 먹겠어."

"그래? 그럼 어쩌지?"

루이는 고마운 친구에게 뭐라도 사 주고 싶었다. 하지만 수영은 루이가 더 놀고 싶어서 그러는 줄 알았다.

"우리 그럼 영화 볼까? 공짜 표도 있으니까……."

루이는 여자는 물론이고, 남자인 친구와도 단둘이 영화를 본 적이 없었다. 꼭 보고 싶은 영화는 혼자 보았고, 여자랑 단둘이 볼 때는 데이트할 때뿐이었다. 그래서 그냥 여자인 친구 수영과 둘이 영화를 보는 게 어색했다.

영화가 시작되고 아이돌 출신의 잘생긴 배우가 화면에 나타났다. 수영은 루이 쪽으로 고개를 돌리고 속삭였다.

"저 배우가 내 최애야. 그래서 이 영화 꼭 보고 싶었어."

"아, 그래? 기대된다~."

영화는 수영이 좋아할 만한 로맨틱 코미디였다. 공상 과학이나 판타지, 무협을 좋아하는 루이의 취향에 맞지는 않았다. 그래도 친구가 좋아한다니 재미있게 보려고 했는데……

영화가 끝나자마자 루이와 수영은 황급히 헤어졌다. 루이는 집까지 걷기로 했다. 집에 가려면 공원을 가로질러 30분이 넘게 걸어야 했지만, 달뜬 마음을 가라앉히려면 그 정도 시간은 필요할 것 같았다.

루이는 혼자 걸으며 줄곧 수영을 생각했다.

수영은 왜 불쑥 전화해서 같이 일하자고 했을까? 목을 조르고 어깨를 두드리는 건 그저 장난이었을까? 왜 다른 직원들에게 우리가 친하다고 강조했을까? 왜 단둘이 로맨스 영화를 보러 가자고 했을까?

"혹시 수영이가 날 좋아하나? 우리 사이가 사실 우정이 아니라 사랑……?"

루이는 그다음 날 바로 수영에게 고백했다, 사귀자고. 수영은 당황했다. 루이에게 영화관 알바를 제안할 때 이럴 가능성을 생각 안 했냐고? 전혀! 맹세코 생각한 적이 없다.

물론 살다 보면 친구와 사귀게 될 수도 있다. 수영도 그런 적이 있었다. 친구가 먼저 고백한 적도 있었고, 수영이 먼저 고백해서 사귄 적도 있었다.

그러나 몇 번의 연애 끝에 수영은 결심했다. 다시는 친구와 연애를 하지 않겠다고! 연애가 끝나면 너무 많은 것을 잃기 때문이었다. 남자 친구도 잃고, 친구도 잃고, 내 친구이기도 했던 친구의 친구들과 연락을 못 한다.

"친구를 지키기 위해, 사랑과 우정 사이의 선을 확실히 그을 거야."

단단히 결심한 후, 수영은 남자 사람 친구에서 남자 친구로 넘어오려는 친구들에게 철벽을 쳤다. 다행히 그들이 고백하려고 하면 수영은 대부분 먼저 알아차릴 수 있었다.

생일에 비싼 선물을 주거나 공짜 뮤지컬 표가 생겼다고 같이 가자고 한다거나, 별로 늦은 시간이 아닌데도 갑자기 집에 데려다준다거나……. 우정이라기엔 진한 핑크빛 분위기가 느껴졌다.

그럴 때마다 수영은 남자인 친구가 고백하지 못하도록 핑크빛 분위기를 와장창 깨트렸다. 그러면 잠깐은 어색하지만, 곧 친구 사이로 되돌아갈 수 있었다.

하지만 수영은 루이의 고백을 예상하지 못했다.

착하고 상냥하고 성실한 루이는 오랫동안 친구로 지내고 싶은 좋은 사람이다. 단지 수영의 마음을 설레게 하지 못할 뿐!

수영은 괴롭지만, 할 말은 해야 했다.

그날 밤, 루이는 밤늦도록 잠을 자지 못했다. 그냥 고백했다가 거절당해도 부끄러울 텐데, 오랜 친구에게 거절당했으니 민망함이 더해서 잠이 오지 않았다.

침대가 삐걱거리도록 뒤척이던 루이는 결국 이불을 박차고 나와 옥상으로 올라갔다. 시원한 공기라도 쐬어야지, 답답해서 그냥 있을 수가 없었다.

오로라는 라후드가 고장 냈다가 고쳐 봤지만, 여전히 작동
하지 않는 웜홀 통신 기기를 들고 내려가 버렸다.

라후드는 오로라를 따라가지 않았다. 혼날 게 뻔하니까!

"루이 씨랑 이야기하고 갈게."

라후드는 오로라의 뒷모습에 손을 흔들었다.

"두 분은 언제 봐도 참 좋아 보여요."

루이는 늘 오로라와 라후드 사이가 부러웠다. 루이의 이상
향인 친구 같은 부부로 보였다. 겉보기엔 막 다정하지 않지만,
완전히 한편인 사이.

수영이 루이의 고백을 받아 주었다면 루이와 수영도 그런
커플이 되었을까?

"저도 친구 같은 애인이 있으면 좋겠어요. 사실은 오늘 친구한테 고백했다가 차였거든요. 하하, 저 웃기죠?"

루이는 입으로는 헛웃음을 지었지만, 눈과 코가 빨갰다. 금방이라도 울 것 같았다. 라후드는 그런 루이가 안쓰러웠다.

"하나도 안 웃겨요. 루이 씨 괜찮아요?"

"네, 괜찮겠죠. 안 괜찮으면 어쩌겠어요. 우정인지 사랑인지도 모르는 바보가…… 근데 분위기는 정말 핑크빛이었는데, 아니었나? 맞는 것 같았는데…… 아니었나?"

지구인의 감정은 외계인에게만 어려운 것이 아니었다.

"지구인들도 지구인의 마음을 잘 모르나 봐요."

라후드의 말에 루이는 어이없다는 듯이 웃었다.

"뭐예요. 라후드 씨는 꼭 지구인이 아닌 것처럼 말하네요. 외계인이라도 된 것처럼."

외계인 아닙니다!

농담이에요. 위로 고맙습니다.

루이는 마음이 한결 가벼워진 채 옥상에서 내려갔다. 하지만 여전히 내일이 오는 게 두렵긴 했다.

'민망해서 수영이 얼굴을 어떻게 보지?'

오로라, 루이 씨가
우리 둘 사이가
좋아 보인데.

응?!

우당탕

대장과
부하 사이처럼?

아니.

버는 쪽과
먹는 쪽?

아, 아니~.

혼내는 쪽,
혼나는 쪽!

아니~.
친구 사이처럼!

찌릿

거부한다.

친구가 아니라고?
그럼 혹시….

우리
사이는….

곧 헤어질
사이다.

가족 아닌가?

지구인은 친구와 사랑에 빠지기도 한다

작성자: 오로라

★ 요즘 루이의 모습을 보면 지구인의 비이성적인 면이 잘 드러남.
루이는 원래도 비이성적인 모습을 자주 보였지만, 최근에 더 심해짐.
비이성적인 지구인은 아우린이 이해할 수 없는 행동을 하곤 하니
주의 깊게 관찰해 봄.

★ 한동안 웹툰에 집중하던 루이가 다시 아르바이트를 시작함.
친구가 소개해 준 영화관 아르바이트라는데, 아르바이트를 시작하고 루이는
더 바빠짐. 임시 본부 건물에서 자주 마주치는 지구인이 한 명 줄어서 편함.

★ 루이가 집에 오는 길에 풀잎을 꺾어서 잎을 바닥에 다 버리더니
혼자 기뻐하면서 집에 들어가는 것을 목격. 그다음 날에는
시무룩한 표정으로 일등학원 건물에 들어가는 것을 또 목격.
그리고 라후드에게 곧 헤어질 사이인 나와 라후드의 사이가
좋아 보인다는 지구인스러운 말을 했다고 함. 루이가 우리 정체를
눈치챈 건 아니겠지?

★ 라후드가 고장 낸 통신 기기를 빨리 고쳐서 귀환
우주선의 상황을 알아야겠음.

지구인들이 사랑을 감별하는 방법

- 지구인은 연인, 가족, 친구 등 다양한 관계의 지구인들에게 '사랑한다'고 똑같이 말하지만, 지구인의 뇌는 그 대상에 따라 사랑의 종류를 분명하게 구분하고 있음. 사랑과 관련된 호르몬 중 하나인 옥시토신은 지구인의 뇌 가운데 위치한 시상 하부에서 분비되는데, 연인에 대한 사랑을 느낄 때에는 시상 하부 내 세포들이 집중되어 있는 '신경절'이란 부분에서 옥시토신이 만들어지는 반면, 다른 대상에 대한 사랑을 느낄 때에는 신경절보다 작은 '소세포성 신경 분비 세포'에서 생산이 된다고 함.

- 둘 중 어느 부분에서 만들어는지에 따라 옥시토신이 지구인의 몸에 미치는 영향 역시 차이가 있음. 신경절에서 만들어진 옥시토신은 뇌와 신체 사이에서 정보를 연결하는 뇌척수액과 혈류를 타고 온몸에 퍼져 스트레스 억제, 행복감 도취 등을 유발함. 이에 비해 소세포성 신경 분비 세포에서 만들어지는 옥시토신은 그 양도 적을뿐더러 신경 세포들을 연결하는 일부 시냅스에만 전달됨. 또한 친구나 가족을 봤을 때보다 연인을 봤을 때 지구인의 뇌에 더 많은 산소가 공급돼 연인에게 더욱 집중하게 만든다는 실험 결과도 있음. 이 같은 차이 때문에 지구인들은 연애, 우정, 동지애 등 그 대상에 따라 사랑을 다른 이름으로 구분함.

- 지구인 연인이 서로 얼마나 사랑하는지도 간단한 방법으로 측정할 수 있음. 바로 그들의 두 눈을 관찰하는 것임. 미국의 한 심리학자가 79쌍의 대학생 커플들을 상대로 설문 조사를 해 각 커플의 사랑 정도를 파악한 후 그들의 행동을 관찰한 결과, 사랑이 깊은 연인일수록 눈을 더욱 자주 마주쳤다고 함.

- 일반적으로 지구인들이 대화할 때 눈을 마주치는 비율은 전체 대화 시간의 30~60%지만, 사랑에 깊게 빠진 연인들의 경우 75% 이상을 서로 바라보며 대화를 했고, 대화를 방해하는 요소가 발생했을 때에도 서로에게서 시선을 떼는 속도가 현저하게 느렸음.

우정 없이 살 수 없는 지구인들

- 분비되는 옥시토신의 양은 적지만 지구인에게 친구와의 우정은 연인과의 사랑 못 지않게 중요한 감정임. 심지어 우정은 지구인의 건강에도 영향을 끼치는데, 친구 가 없이 외로운 지구인들은 뇌의 기능이 약화되고, 동맥이 수축돼 혈압이 높아짐. 또한 심리학자 리사 버크만이 약 7천 명의 지구인을 무작위로 뽑아 우정 등의 사 회적 유대감을 얼마나 가지고 있는지 조사하고, 9년 후 그들의 사망률을 확인해 보니, 사회적 유대감이 없는 지구인들이 그렇지 않은 지구인보다 더 많이 사망한 것으로 나타남. 즉, 지구인들에게 우정은 '생존 필수품'이라 할 수 있음.

- 대개 지구인들은 자신과 공통점이 많은 지구인을 친구로 선택함. 문화 인류학자 로빈 던바는 지구인의 우정이 7가지 기둥으로 만들어진다고 설명한 바 있음. 공유 하는 기둥이 많으면 많을수록 우정이 돈독해진다고 함. 그 7개의 기둥은 아래에 목록으로 작성했음.

우정의 7가지 기둥

① 언어　　　⑤ 음악 취향
② 성장한 장소　⑥ 유머 감각
③ 교육 과정　⑦ 세계관
④ 취미 또는 관심사

- 아우린과 지구인은 7가지 기둥 중 겹치는 것이 하나도 없지만, 지구인과 친구가 될 수 있는 방법이 있긴 함. 함께 시간을 많이 보내는 것. 3주 동안 함께하는 시간 이 10시간 늘어날 때마다 친구가 될 가능성이 3.9%씩 늘어난다는 연구 결과도 있음. 또한 절친이 되려면 6주 동안 200시간 이상을 같이 보내야 함. 지구인들과 너무 멀어지지도, 가까워지지도 않기 위해서는 시간을 계산하는 능력이 필수!

6

어떻게
사랑이 변하니?

헤어짐 이후에 오는 변화들

하나는 이중생활에 지쳤다.

학교에서는 공개 연애, 집에서는 비밀 연애를 하는 생활은 생각보다 피곤했다. 결국 하나는 일 원장에게 당당하게 선언하기로 결심했다.

하나가 당당하게 말하든, 간절히 부탁하든, 한 번만 봐달라고 빌든, 일 원장의 반응은 똑같을 것이다. 대학 갈 때까지는 절대 연애 금지라고!

'어떻게 하면 엄마의 허락을 받을 수 있지?'

하나는 곰곰이 고민하다가 수학 문제집을 펼쳤다. 더 열심히 공부하면 돼. 시험 성적으로 엄마를 설득하면 된다고.

"대호랑 내가 함께 전교 1등 하면 엄마도 인정해 주겠지?"

하나는 멋대로 결정해 버렸다.

토요일 아침, 하나와 대호는 스터디 카페에 나란히 앉았다.

하나가 시계를 보며 말했다.

"저녁 여섯 시까지 공부하면 되겠다."

"그건 너무……."

"쉿! 공부 계획부터 세우자."

하나는 대호의 말을 뚝 끊었다. 하나도 대호랑 놀고 싶었지
만, 공동 전교 1등을 위해 마음을 단단히 잡았다.

하나의 포부에 대호는 눈앞이 캄캄해졌다.

'공동 전교 1등을 어떻게 해. 난 반에서 10등 안에 들기도 어려운데……'

물론 대호도 공부를 잘하고 싶었다. 하지만 전교 1등은 하늘이 내린 천재나 하는 거 아닌가? 대호처럼 평범한 애가 하루에 8시간 공부하면 엉덩이만 납작해질 것이다.

'여자 친구 생기면 주말마다 놀러 다닐 줄 알았는데.'

대호는 하는 수 없이 문제집을 펼쳤지만, 마음은 답답했다.

가끔 하나는 일등학원 원장 선생님과 똑같았다. 목표를 정하면 앞만 보고 달렸다. 옆 사람은 보이지도 않는 듯이.

대호는 엉덩이를 들썩거리며 영어 단어를 외웠다.

대호의 머릿속에는 이미 아는 음식 단어만 떠올랐다.

순간, 대호는 좋은 아이디어가 떠올랐다.

"하나야, 학교 안전체육부에서 축구 대회 심판 교육이 있는 걸 깜빡했어."

필수가 아닌 심판 교육을 대호는 필수라고 하나에게 거짓말했다. 여자 친구를 속이면 안 되지만, 완전히 거짓말은 아니고 반만 거짓이니 괜찮겠지! 속으로 변명을 대면서 말이다.

"꼭 가야 해? 우리 공부는?"

"미안, 선배들이 기다리고 있어서."

하나는 뾰로통한 얼굴로 허락해 줬다.

"고마워, 하나야."

대호는 하나에게 굽실거리며 일어섰다. 그런데 하나가 대호
를 붙잡으며 속삭였다.

"빨리 끝내고 와. 공부해야지."

"다시 오라고? 여길? 어…… 아, 알았어."

대호는 살금살금 스터디 카페에서 탈출했다. 하나에게 거짓
말을 하고 나와서 마음 한쪽이 꺼림칙했지만, 한편으로는 시
원했다. 대호는 학교 운동장으로 달려갔다.

대호는 학교 친구들과 선배들과 함께 축구 심판을 보고, 축구 경기도 하고, 라면도 먹었다. 땀이 쭉 빠질 정도로 뛰어놀았더니 팔다리가 노곤했다. 하지만 기분은 좋았다. 그대로 집에 가서 씻고 자면 오늘 하루가 뿌듯할 것 같았다.

하지만 대호는 터벅터벅 스터디 카페로 향했다.

"그냥 집에 가고 싶은데……."

하나가 이미 집에 가고 없었으면 좋겠다고 생각하며 스터디 카페의 문을 열었다.

하지만 하나는 아까와 같은 자리에, 같은 자세로 앉아 있었다.

대호는 숨이 막혔다. 하나가 있어서 좋아야 하는데, 이상하게 실망스러웠다.

대호는 손끝으로 하나의 어깨를 톡톡 두드렸다.

"하나야, 집에 가자."

하나는 시계를 흘끔 보았다. 20분만 지나면 6시라 8시간을 채울 수 있었다. 하지만 대호는 더 이상 공부할 생각이 없어 보였다.

하나도 할 수 없이 가방을 챙겨 나왔다.

"왜 이렇게 늦었어? 지금까지 축구 심판 교육 받았어?"

"응, 선배들이랑 의논할 게 많아서……."

대호는 또 하나에게 거짓말을 하고 말았다. 또 완전한 거짓말은 아니었지만, 완전한 진실도 아니었다. 하나는 고개를 삐딱하게 끄덕이더니 입술을 내밀고 투덜거렸다.

"나랑 공부하기로 해 놓고 그러면 어떡하나? 엄마한테 보여 주려면 우리 진짜 열심히 해야 된다고."

"알았어, 미안해. 대신 내가 선물 줄게."

대호는 하나의 손을 덥석 잡고 뛰었다.

"선물? 무슨 선물?"

하나도 대호를 경쾌하게 따라 뛰었다. 공부를 다 못 끝냈지만 나오길 잘했다는 생각이 들었다.

그다음 주에 대호가 기다리던 점심시간 축구 대회 주간이 시작되었다. 심판을 맡은 대호는 무척 바빴다. 아침에도 일찍 와서 회의를 하고, 점심시간에는 급식 확인증을 받아 일찍 밥을 먹고 심판을 보러 나갔다.

하나는 점심시간에 수학 문제를 풀기로 계획했지만, 서둘러 밥을 먹고 운동장으로 나갔다. 대호는 심판이지만 선수들보다 더 힘차게 운동장을 날아다녔다. 세상 즐겁고 신나 보였다. 그 모습이 보기 좋아야 하는데, 하나는 괜히 서운했다.

'나는 엄마 허락받으려고 열심히 공부하는데, 대호는 협조도 잘 안 하고, 노는 것만 좋은가 봐.'

하나는 시간이든 돈이든 감정이든 손해 보는 것이 제일 싫었다. 하나는 경기를 보다 말고 교실로 들어가 버렸다.

축구 경기가 끝나고 교실로 뛰어 들어온 대호는 교실에서 공부하고 있는 하나를 보고 실망할 수밖에 없었다.

대호는 하나가 경기를 끝까지 볼 줄 알았다. 최소한 경기를 마치고 오면 하나가 반겨 줄 거라고 생각했다. 심판은 잘 봤는지, 뭐가 재미있었는지 물어봐 주기를 바랐다.

하나가 대호는 안중에도 없이 전교 1등 영재와 머리를 맞대고 공부만 할 줄은 몰랐다.

'치……, 너무해.'

그날 대호는 집에 갈 때까지 하나와 제대로 말도 하지 않은 채 쉬는 시간에는 피곤하다며 엎드려 있었다. 하교 후에도 체육부 모임이 있다며 서둘러 교실을 나왔다. 모임이 끝나면 연락하라는 하나의 메시지에 답장도 하지 않았다.

"대호가 나한테 화났나? 내가 뭘 어쨌다고? 나야말로 화났거든!"

하나는 불안하고 속상하고 화가 났다. 대호에게 받은 돼지 인형에 마구 화풀이했다. 주먹으로 인형을 때리고 방구석에 던져 버렸다.

"나 돼지 진짜 싫어하거든! 연락하기만 해 봐라. 저 돼지나 당장 가져가라고 해야지."

하나는 한참 씩씩거리다가 돼지를 도로 들어 올렸다. 푹신하고 동그란 분홍 돼지를 침대 위에 사뿐히 올렸다.

저녁 내내 대호의 연락을 기다렸지만, 대호는 연락해 오지 않았다. 먼저 대호에게 연락해도 되지만, 하나는 괜한 자존심을 세우게 되었다.

그 자존심의 값은 너무 비쌌다. 하나는 애가 타서 발을 동동 구르느라 저녁도 제대로 못 먹고 공부도 집중해서 할 수 없었다. 대호의 메시지는 한밤중이 되어서야 왔다.

대호다!

번쩍

하나는 이별의 이유를 묻
고 싶었다. 아니, 헤어지지
말자고 매달리고 싶었다.
하지만 자존심 때문에 그
럴 수 없었다. 하나는 아무
렇지 않은 척 답장했다.

하나와 대호의 연애는 한 달 만에 끝나고 말았다.

반 공식 커플이었던 탓에 소문은 금방 퍼졌고, 친구들은 둘이 헤어진 이유를 궁금해했다. 여자아이들은 하나 주위로 몰려와 물었다.

"하나야, 진짜 헤어졌어?"

"왜 헤어진 거야?"

"누가 먼저 헤어지자고 했어?"

하나는 입술을 깨물었다. 대호랑 헤어진 게 부끄러운 일도 아니고, 차인 게 잘못도 아닌데, 쉽게 말이 나오지 않았다.

"보나 마나 하나가 잘난 척하다가 차인 거 아니야?"

누군가 하나에게 들릴 만큼 충분히 큰 목소리로 중얼거렸다. 하나는 의자를 박차고 일어섰다.

"야! 아니거든! 내가 차였겠냐?"

그 순간, 대호가 교실 문을 열고 들어왔다. 하나는 대호와 눈이 딱 마주쳤다.

'아, 대호가 사실대로 말하면 어떡하지?'

하나는 걱정했지만, 대호는 말없이 하나의 눈을 피했다.

대호는 하나의 말을 못 들은 척해 주고 싶었다. 헤어지긴 했지만 하나의 자존심을 지켜 주고 싶었다. 그 정도는 하고 싶었다.

대호는 생선파를 만나 하나와 헤어졌다는 소식을 전했다.

대호의 연애를 질투하던 꽁치는 얄미울 정도로 활짝 웃었다.

"축하한다. 솔로 천국에 돌아온 걸 환영해."

"근데 왜 헤어졌냐?"

다른 생선들은 대호와 하나가 헤어진 이유를 궁금해했다.

대호는 딱히 할 말이 없었다.

하나가 너 싫대?

혹시 하나가 다른 남자애 좋대?

돈 없는데 비싼 선물 사 달라고 했어?

헉! 네가 바람피웠냐?

아, 아니. 그런 거 아니거든! 그냥….

사실 대호도 정확히 제 마음을 몰랐다. 하나가 싫은 건 아닌데, 점점 부담스럽고 서운하기도 했다. 대호는 발걸음을 재촉했다.

"아, 나도 몰라. 그냥 자전거나 타러 가자."

지구인들의
이별 증후군

작성자: 라후드

★ 대호와 하나는 자주 주말 아침부터 같이 나가 저녁 때까지 집에
돌아오지 않는 것 같음. 하루는 아침 일찍 나가더니
하나가 처음 보는 인형을 들고 화를 내면서 집으로
돌아오는 모습을 봄. 하나는 또 문을 쾅쾅 시끄럽게 닫기
시작했음.

★ 매일 등하교를 같이 하던 하나와 대호가 최근에
따로 다니기 시작함. 이전 임시 본부에서 유니도 같이 다니던 친구들과 어느 날부터
멀어졌는데, 대호와 하나도 사이가 멀어진 것 같음.

★ 대호는 요즘 하나보다 생선파들과 지내는 시간이 더 많아짐.
생선파가 임시 본부 건물로 올 때가 많아졌다는 뜻임. 안 그래도
통신 기기를 고장 내서 오로라 눈치가 보이는데, 지구인 청소년들까지
더 자주 보이니 조심, 또 조심해야 함.

★ 하나의 울음소리가 임시 본부까지 울림.
원래도 시끄러웠던 임시 본부가 하나
때문에 더 시끄러워짐.

지구인 사랑의 마지막

- 지구인 연인 간의 사랑이 영원하지는 않음. 연인을 떠올리기만 해도 심장이 뛰던 처음과 달리 언젠가부터는 같이 있어도 무덤덤해지고, 연인과 연락하느라 손에서 놓지 못했던 스마트폰도 점점 덜 보기 시작함. 심지어 연인을 지겨워하는 등 부정적인 감정을 느끼는 지구인들도 있음. 이 시기를 지구인들은 '권태기'라고 부름.

- 권태기가 오는 이유는 사랑에 대한 내성이 생겼기 때문임. 지구인의 뇌는 처음 사랑에 빠질 때 페닐에틸아민 등 각종 신경 전달 물질을 분비했다가, 시간이 지나면 이러한 신경 전달 물질 때문에 생긴 신체적인 변화를 이겨 내고 이전의 상태를 되찾기 위한 항체를 만들어 내기 시작함. 그렇게 항체가 완성되면 마구 뿜어져 나오던 사랑 관련 신경 전달 물질들의 생성이 멈추게 되는데, 이 때문에 상대에 대한 감정이 변하는 것.

- 미국의 심리학자 신디 하잔이 남녀 지구인 5천 명의 뇌를 관찰한 결과, 사랑 관련 신경 전달 물질들의 생성이 멈추는 시기는 사랑을 시작한 후 18개월에서 30개월이 지난 무렵이었음. 즉, 지구인의 설렘 가득한 사랑의 유효 기간은 길어도 3년이 안 된다는 것. 그 안에 옥시토신이 많이 분비되는 성숙한 사랑으로 발전하지 못한 연인들은 헤어지고, 다시 사랑의 신경 전달 물질 수치를 높여 줄 새로운 지구인을 찾게 됨.

지구인에게 이별이 미치는 영향

- 이별한 지구인들, 특히 실연을 당한 지구인들은 대개 이상 증세를 보임. 헤어진 연인의 SNS를 뒤지고 집에 찾아가는 등의 집착 행동부터, 울고불고 소리를 지르는 등의 감정 조절력 감퇴, 체중 감소나 몸살 등의 신체적 변화를 겪기도 함.

- 이러한 이상 증세가 나타나는 이유는 이별 후 지구인의 뇌에서 분비되는 신경 전달 물질 때문이라고 함. 인류학자 헬렌 피셔가 실연을 당한 대학생 지구인들을 대상으로 헤어진 연인의 사진을 보여 주며 fMRI로 뇌를 관찰함.

- 전 연인의 사진을 본 지구인들 뇌에서 처음 사랑에 빠질 때와 같이 쾌감을 느끼게 하는 도파민, 몸을 흥분 상태로 만드는 노르에피네프린이 다시 분비되고, 스트레스를 유발하는 '코르티솔'의 양 역시 많아지는 것을 확인함. 과거의 즐거웠던 기억이 떠올라 생성된 도파민 때문에 연인을 잃고 싶지 않은 마음이 커지지만, 다시 예전으로 돌아갈 수 없는 상황에 노르에피네프린이 분비되며 감정이 격해지고, 코르티솔로 스트레스가 쌓이면서 고열 등의 증상이 몸에 나타나게 되는 것임.

- 이별 후 지구인들은 '심장이 아프다', '가슴이 찢어진다'며 고통을 호소하기도 함. 미국 컬럼비아 대학교 연구 팀이 6개월 이내에 이별한 지구인들을 대상으로 한 번은 팔뚝에 화상을 입지 않을 정도의 뜨거운 열을 가하고, 또 한 번은 헤어진 연인의 사진을 보여 준 뒤 뇌를 관찰함. 그 결과 두 상황 모두에서 통증에 관한 정보를 처리하는 '배후측 뇌섬엽'이 크게 활성화되었고, 그 외에 통증에 반응하는 영역 역시 최대 88%까지 일치했다고 함. 실제로 지구인의 뇌는 이별을 신체적인 고통과 비슷하게 인식하고 있는 것.

으아아앙~!
대호를 잃고 싶지 않아~!
가슴이 너무 아파~!

지구인들의 이별 후유증 기간

지구인이 이별의 고통에서 벗어나는 데 걸리는 시간은 얼마나 될까? 이별한 지 6개월이 되지 않은 지구인 155명을 조사 한 결과, 약 71%가 연인과 헤어진 후 11주가 된 시점부터 이별의 긍정적인 면을 느끼는 것으로 확인되었다. 물론 연애 기간이나 사랑한 정도에 따라 차이는 있지만, 대개 3개월이면 이별의 아픔에서 벗어난다는 것이다. 이 기간 동안 지구인들은 새로운 취미 만들기, 여행 가기, 슬픈 음악 듣기, 감정 일기 쓰기, 친구들 만나기 등 이별의 고통을 극복하는 데 도움이 된다는 온갖 방법들을 동원하기도 한다.

내 마음을 들여다보고
좋은 음악을 들으니까
평온해지는
기분이야…

7

괜찮아,
사랑은 또 올 거야

루이는 웹툰을 그리다 말고 찬물을 벌컥벌컥 마셨다.

루이는 다시 백수가 되었다. 아니, 전업 웹툰 작가가 되었다. 영화관은 얼마 전에 그만두었다. 아까운 일자리였지만, 수영을 계속 보면서 일하기엔 민망해서 어쩔 수 없었다.

루이는 섣부른 고백으로 친구를 잃은 것 같아 씁쓸했다. 그런데도 웹툰 내용이 연애로 흘러가다니…….

"루이야, 정신 차리려면 아직 멀었다. 딴생각하지 말고 이제 웹툰에만 힘을 쏟자. 알았지?"

루이는 영화관에서 일해서 번 돈을 탈탈 털어 산 커다란 모니터에 집중하며 말했다.

아이디어가 떠오르려고 하면 드르르, 쾅쾅거리는 소음이 방해했다. 저 공사 소음 때문에 웹툰을 망칠지도 몰랐다.

시끄러워서 살 수가 있나!

루이는 쿵쿵쿵 성난 걸음으로 소음의 진원지를 찾아 나섰다. 사실 마음속 깊은 곳에서는 소음 때문에 화가 나는지, 실연 때문에 마음을 못 잡아서 그런지 알 수 없었다. 그래도 루이는 소음에 모든 핑계를 뒤집어씌웠다.

쿵쾅거리며 계단을 내려가는 루이를 보고 일 원장이 나와 보았다.

"아휴, 시끄럽죠?"

"네, 무슨 일인지 좀 알아보려고요."

"무슨 공사를 언제까지 하는지 알게 되면 나한테도 좀 알려 줘요."

"네, 빨리 끝내 달라고도 얘기할게요."

루이는 일 원장에게 큰소리를 뻥뻥 치고 1층으로 내려갔다.

아이스크림 할인점 옆의 빈 상가에서 인테리어 공사가 한창이었다.

"아저씨, 이거 무슨 공사예요? 도대체 언제 끝나요?"

루이의 목소리는 높고 퉁명스러웠다.

"몰라요."

가는 말이 곱지 않으니 오는 말은 더 불퉁했다. 루이는 거친 분위기에 주눅이 들었다. 공사하는 아저씨에게 말도 더 못 붙이고 가게 앞을 서성이다 뒤돌았다.

루이는 별 소득 없이 돌아와서 다시 책상 앞에 앉았다. 두두두두, 두두두두, 건물을 뒤흔드는 소음이 또 울렸다.

"뭐 하는 가게야? 공사 시작 전에 건물 사람들한테 양해를 구했어야지. 정말 마음에 안 드네. 무슨 가게인지, 절대 안 가!"

생각할수록 화가 났다. 공사장에서 하고 싶은 말을 다 못 해서 그런지 울화가 치밀었다.

"새로 생기는 1층 피아노 학원 선생님이에요. 학원 방음 공사를 해야 해서 좀 복잡하네요. 너무 시끄럽죠? 죄송해요."

세상에서 가장 예쁠 것이 분명한 피아노 학원 선생님은 두루마리 화장지 묶음을 내밀었다. 넋을 잃은 루이는 말없이 화장지를 덥석 받았다.

"정말 죄송해요. 되도록 빨리 마무리할게요."

우주에서 제일 예쁜 피아노 선생님이 돌아섰다. 루이는 정신이 번쩍 들어 황급히 피아노 선생님을 불렀다.

"자, 잠시만요!"

피아노 선생님은 눈을 동그랗게 뜨고 루이를 쳐다보았다.

무슨 말이라도 해야 했다. 멋진 말, 인상적인 말, 나를 기억할 수 있는…….

"저기, 피아노…… 피아노를 배우고 싶습니다."

루이의 말은 그다지 멋지지 않았다. 하지만 피아노 선생님은 환하게 웃었다.

"네, 학원 열면 꼭 방문해 주세요."

선생님은 뚜벅뚜벅 계단을 내려갔다. 선생님의 발소리가 사라지기도 전에 쾅쾅쾅 못 박는 소리가 울렸다. 하지만 루이는 이제 피아노 학원 공사 소리가 조금도 시끄럽지 않았다.

루이는 곧 배우게 될 피아노의 멜로디처럼 아름답고 감미로운 공사 소리를 들으며 웹툰을 그리기 시작했다.

"와, 시끄러워. 1층 공사 뭐야?"

대호가 투덜거리며 집 안으로 들어왔다.

하나와 헤어진 뒤 대호는 툭하면 짜증이 났다. 자기가 먼저
헤어지자고 해 놓고선 꼭 실연 당한 사람처럼 마음이 어수선
했다. 혼자 있을 때는 괜히 헤어졌다고 후회하다가 공부에 열
중한 하나를 보면 역시 잘한 일이다 싶었다. 그런데 또 길에서
하나의 뒷모습을 보면 이상하게 아련한 마음이 들었다. 오늘
도 하나의 뒷모습을 따라 걸어온 대호는 마음이 뒤숭숭했다.

"화장지 뭐야? 왜 여기다 뒀어?"

대호는 화장지 묶음을 거칠게 밀쳤다. 피아노 선생님이 준
소중한 선물이 바닥에 나뒹굴었다. 루이도 화가 났다.

"그걸 왜 던져?"

"똥 닦는 휴지가 밥 먹는 식탁 위에 있어서 그랬다, 왜!"

짜증스럽게 대꾸하는 대호를 보고 루이는 한마디 하려다가
꾹 참았다.

"어휴, 저 녀석 사춘기는 언
제 끝나냐."

루이는 온통 짜증뿐인 대호
가 그저 사춘기의 터널을 지나
는 줄만 알았다.

지금
호리호리 행성은

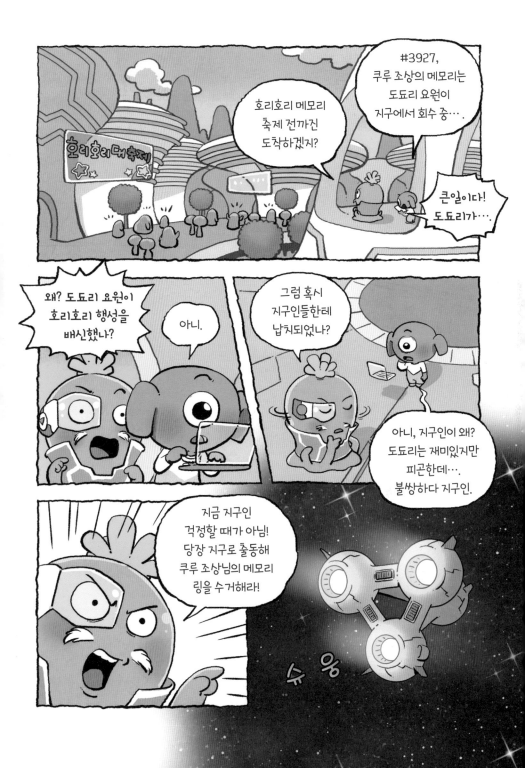

라후드는 몰랐지만, 그 시각, 여러 대의 우주선이 지구를 향해 맹렬히 날아오고 있었다. 비록 아우린이 기다리는 우주선은 아니었지만…….

이 책을 만든 사람들

정재승
기획

KAIST에서 물리학으로 학사, 석사, 박사 학위를 받았습니다.
예일대학교 의과대학 정신과 박사후 연구원, 고려대학교 물리학과
연구교수, 컬럼비아대학교 의과대학 정신과 조교수를 거쳐, 현재 KAIST
뇌인지과학과 교수로 재직 중입니다. 우리 뇌가 어떻게 선택을 하는지
탐구하고 있으며, 이를 응용해서 로봇을 생각만으로 움직이게 한다거나,
사람처럼 판단하고 선택하는 인공지능을 연구하고 있습니다. 쓴 책으로는
<정재승의 과학 콘서트>(2001), <열두 발자국>(2018) 등이 있습니다.

정재은
글

프로젝트를 진행하는 동안 때로는 아싸로, 때로는 라후드로, 때로는
오로라나 바바, 도됴리로 끊임없이 정신을 분리하며 도서 전체의 스토리를
진행했습니다. 가 본 적 없는 아우레 행성과 직접 열어 본 적 없는 지구인의
뇌를 스토리 속에 엮어 내기 위해 엄청 열심히 공부를 해야 했습니다.
쓴 책으로 <뚱핑크 유전자 수사대> <멘델 아저씨네 완두콩 텃밭>
<미스터리 수학유령> 시리즈 등 다수의 어린이 책이 있습니다.
머릿속 넓은 우주가 어디로 펼쳐질지 모르는 창의력 뿜뿜 스토리텔러.

김현민
그림

일찍이 유럽으로 시장을 넓힌 대한민국의 만화가. 대학에서 산업디자인을
전공한 뒤 어릴 때 꿈을 찾아 만화가가 되었습니다. 프랑스 앙굴렘 도서전에
줄품한 것을 계기로 프랑스 출판사에서 <Archibald 아치볼드>라는
모험 만화를 만들고 있습니다. 인간이 아닌 괴물이나 신기한 캐릭터 등
상상력을 발휘할 수 있는 그림을 좋아합니다. 몸은 지구에서 벗어날 수
없지만, 머릿속은 항상 우주의 여행자가 되고 싶은 히치하이커.

이고은
심리학 자문

지구인들의 심리를 과학적으로 설명해서 보여 주는 것이 취미이자 특기인
인지심리학자. 부산대학교에서 심리학으로 학사, 인지심리학으로 석사와
박사 학위를 받은 뒤, 강의와 연구를 하고 있습니다. 과학 웹진 <사이언스
온>에서 '심리실험 톺아보기' 연재를 시작으로 각종 매체에 심리학을
소개해 왔으며, <마음 실험실>(2019), <심리학자가 사람을 기억하는 법>
(2022)을 펴낸 과학적 스토리텔링의 샛별.

뇌가 말랑해지는 시간
17권 미리보기

우리는 과연 어떤 사이?
친구와 함께
뇌가 말랑해지는 시간!

우리는
얼마나 잘 맞을까?

지금 옆에 있는 친구와 함께 같은 선택을 몇 번 했는지 세어 봐.

10~9개
우리는 천생연분!
절대 헤어지지 말자~.

8~7개
우리 관계는 웬만해서
쉽게 깨지지 않아!

6~4개
서로에게 조금 더
맞춰 가면 우리 사이가
더 견고해지지 않을까?

4~2개
우리 관계가 덜컹거려.
서로를 조금 더
배려해 보면 어때?

1~0개
우리 혹시…
만나기만 하면
싸우지 않아?

우리는 당연히
천생연분 아닌가

대호와 나는
어떤 사이일까?

역시 우리는
너무 좋은 사이야~!

① 남는 건 사진뿐. 친구를 만나면 사진은 필수!

　　　　　VS 사진 찍을 시간에 이야기하기도 바쁘다고~!

② 우리 사이에 비밀은 없어. 우린 서로 모든 걸 알아야 돼.

　　　　　VS 말하고 싶지 않은 일도 있지. 말하기 싫으면 안 해도 돼.

③ 때로는 짓궂은 장난도 좋아. 친구라면 허물없이 지내는 법!

　　　　　VS 친구라면 서로의 선은 지켜 줘야 편해.

④ 내가 힘들 때 말하지 않아도 내 마음을 알아줘.

　　　　　VS 마음을 표현하지 않으면 어떻게 알아?

⑤ 친구의 친구까지 다 내 친구였으면 좋겠어.

　　　　　VS 친구의 친구는 친구의 친구고, 내 친구는 내 친구야.

⑥ 서운한 일이 있으면 꼭 말하고 넘어가야 해.

　　　　　VS 서운한 일은 시간이 지나면 잊지 않을까?

⑦ 기분 좋은 일이 생기면 그냥 같이 기뻐해 주면 좋겠어.

　　　　　VS 기쁜 일이 있으면 왜 기분이 좋은지 물어보면 좋겠어.

⑧ 시간은 칼같이 지키는 게 예의 아니겠어?

　　　　　VS 놀려고 만나는데 학교처럼 지각을 따져야 돼?

⑨ 공부도 함께, 놀 때도 함께. 우리는 모든 걸 함께 하자!

　　　　　VS 가끔 각자의 시간도 있어야 함께하는 일도 더 즐겁지 않을까?

⑩ 내가 실수해도 눈감고 넘어가 주면 좋겠어. 창피하잖아~.

　　　　　VS 내가 실수하면 꼭 알려 줘! 또 같은 실수를 반복하고 싶지 않아!

오로라,
우리도 한번
해 보자!

거부한다.

라후드가 지구에서 가장 좋아하는 것, 다른 외계인들도 좋아하게 될까?

지구인들에게 음식은 생존 필수품? 아니면 행복 필수품?

지구 문명은 신기하고 재미있는 것들로 가득하지만, 그중 라후드의 마음을 가장 크게 울리는 것은 바로 음식이다. 짜고 달고 맵고 시큼하고……. 입안에서 지구 음식의 맛이 소용돌이칠 때, 라후드의 심장도 콩닥콩닥 뛴다. 꼭 다 맛있을 필요는 없다. 입맛에 맞지 않은 음식도 그 나름의 매력이 있는 법!

하지만 모든 외계인이 지구 음식을 좋아하지 않듯이, 지구인 중에서도 지구 음식을 좋아하지 않는 지구인들이 있는 것 같다.

지구인들에게 음식은 생존 수단일 뿐일까, 아니면 그 이상의 의미가 있는 것일까?

"나는 밥하고 김치만 있으면 돼. 배만 부르면 되지. 다른 건 사치야~."

"저는 먹는 게 세상에서 제일 좋아요! 죽을 때까지 맛있는 것만 먹고 싶어요!"

　그저 살기 위해 먹는다는 지구인도 있고, 음식만 보면 설레는 지구인도 있고, 배가 터질 듯 부른데 또 무언가를 먹고 싶어하는 지구인도 있다.

　"매운 음식을 먹으면 스트레스가 확 날아가는 것 같아요!"

　"울적한 날에는 왠지 단 음식이 먹고 싶어~."

　게다가 음식이 지구인의 기분에도 영향을 미친다고? 미처 알지 못했던 지구 음식의 특별한 효능을 알게 된 아우린들!

　"내 반려 닭 꼬꼬는 귀여운데, 치킨도 맛있어. 어떡하지?"

　외계인들은 생각하지 못한 음식에 대한 지구인들의 남다른 고민까지!

　지구인들은 싫으나 좋으나 매일매일 음식에 관해 생각하며 살아가고 있다. 그리고 그런 지구인들의 음식 문화에 완전 풍덩 뛰어들 준비가 되어 있는 라후드!

　아우린이 관찰하는 지구인의 "음식" 이야기가 17권에서 이어집니다.

다양한 SNS 채널에서
아울북과 을파소의 더 많은 이야기를 만나세요.

 인스타그램 @owlbook21 페이스북 @owlbook21 네이버카페 owlbook21 네이버포스트 아울북 and 을파소

정재승의 인간 탐구 보고서

16 사랑은 마음을 휘젓는 요술 지팡이

기획 정재승 | **글** 정재은 | **그림** 김현민 | **심리학 자문** 이고은
정보글 백빛나 오경은 | **사진** getty images bank
펴낸이 김영곤 **펴낸곳** ㈜북이십일 아울북

1판 1쇄 인쇄 2025년 1월 17일
1판 1쇄 발행 2025년 2월 13일

기획개발 오경은 **프로젝트4팀** 김미희 정유나 **마케팅** 전연우 **디자인** 김단아
아동마케팅팀 명인수 양슬기 손용우 이주은 최유성
영업팀 변유경 한충희 장철용 강경남 황성진 김도연
제작 이영민 권경민

출판등록 2000년 5월 6일 제406-2003-061호
주소 (10881) 경기도 파주시 회동길 201(문발동)
대표전화 031-955-2100 **팩스** 031-955-2177 **홈페이지** www.book21.com

ISBN 978-89-509-8348-2 74400
ISBN 978-89-509-7373-5 74400 (세트)

책값은 뒤표지에 있습니다.
잘못 만들어진 책은 구입하신 서점에서 교환해 드립니다.

• 제조자명 : ㈜북이십일
• 주소 및 전화번호 : 경기도 파주시 문발동 회동길 201(문발동) / 031-955-2100
• 제조연월 : 2025.02.
• 제조국명 : 대한민국
• 사용연령 : 3세 이상 어린이 제품

정보 가득 부록까지!

모두 챙기러 출발~!

너와 나, 우리들의 마음을 이해하게 도와줄 첫 번째 뇌과학 이야기
정재승의 인간 탐구 보고서 (1~16권)

❶ 인간은 외모에 집착한다
❷ 인간의 기억력은 형편없다
❸ 인간의 감정은 롤러코스터다
❹ 사춘기 땐 우리 모두 외계인
❺ 인간의 감각은 화려한 착각이다
❻ 성은 우리를 다르게 만든다
❼ 인간은 타고난 거짓말쟁이다
❽ 불안이 온갖 미신을 만든다
❾ 인간의 선택은 엉망진창이다
❿ 공감은 마음을 연결하는 통로
⓫ 인간을 울고 웃게 만드는 스트레스
⓬ 인간은 누구나 더없이 예술적이다
⓭ 인간은 모두 호기심 대마왕
⓮ 인간, 돈의 유혹에 풍덩 빠지다
⓯ 소용돌이치는 사춘기의 뇌
⓰ 사랑은 마음을 휘젓는 요술 지팡이

인류의 과거와 현재를 이어 줄 아우린들의 시간 여행!
정재승의 인류 탐험 보고서 (1~10권)

완간

❶ 위대한 모험의 시작
❷ 루시를 만나다
❸ 달려라, 호모 에렉투스!
❹ 화산섬의 호모 에렉투스
❺ 용감한 전사 네안데르탈인
❻ 지구 최고의 라이벌
❼ 수군수군 호모 사피엔스
❽ 대륙의 탐험가 호모 사피엔스
❾ 농사로 세상을 바꾼 호미닌
❿ 안녕, 아우레 탐사대!

옛날 지구인들은 이랬단 말이지?